别输在
情绪掌控上

冯晓 编著

Emotional Control

辽海出版社

图书在版编目（CIP）数据

别输在情绪掌控上 / 冯晓编著 . — 沈阳：辽海出版社，2017.10
ISBN 978-7-5451-4411-6

Ⅰ.①别… Ⅱ.①冯… Ⅲ.①情绪—自我控制—通俗读物 Ⅳ.① B842.6-49

中国版本图书馆 CIP 数据核字（2017）第 249668 号

别输在情绪掌控上

责任编辑：柳海松
责任校对：丁　雁
装帧设计：廖　海
开　　本：630mm×910mm
印　　张：14
字　　数：174千字
出版时间：2018 年 3 月第 1 版
印刷时间：2018 年 3 月第 1 次印刷

出版者：辽海出版社
印刷者：北京一鑫印务有限责任公司

ISBN 978-7-5451-4411-6　　　　定　价：68.00 元
版权所有　翻印必究

前言

生活中的我们每天都会遇到各种各样的困难，处理各种各样的问题，面对形形色色的人。那么，我们每天的情绪也会发生一定的变化。有时会开心，有时会伤心。但很多时候，我们往往是伤心大于开心。那些困难和问题无时无刻不在困扰着我们，于是我们便学会了抱怨，不良情绪便会随之而来。

当我们怀着美好的理想，每天都计划着为理想该如何奋斗的时候，坏情绪往往会让我们事倍功半。要实现理想，我们需要用我们最好的状态来迎接每一天的到来。所以，我们要学会调整自己，不能让不良情绪影响我们的工作和生活，不能让自己输在掌控情绪上。

要想掌控好自己的情绪，首先你应该认清自己，先端正自己的态度。如果我们每天总是因为一点鸡毛蒜皮的小事跟自己过不去，因为一点点挫折就自暴自弃，那么，我们的情绪肯定是不好的。其次，想要掌控好情绪，你还需要有一个积极的心态，你应该学着热爱生活，如果我们每天对生活总是一种消极悲观的态度，那么，我们的每一天注定是无精打采、毫无生气的。最后，掌控自己的情绪，你还需要改变对别人的态度，一个心里容不下别人的人是无法感受到明媚的阳光的。

生活是什么？生活是一首歌，生活是一场游戏，生活是一壶陈年老酒……每个人都应学会享受生活，轻松而快乐地度过每一天。

学会掌控自己的情绪，让自己去享受生活，而不是每天单纯地为生活奔波。

　　快到上班时间而公交车却因交通堵塞停滞不前时，你可以看看车窗外的景色；工作时计算机突然出现故障导致你的资料全部丢失时，你是否可以先听一曲疗伤音乐？生活在现今这个错综复杂、充满矛盾的社会中，我们都会遇到这样那样的事情。想开一点，那么我们就会少了许多不必要的麻烦。

　　翻开这本书，开始学着掌控自己的情绪，那么，成功也会慢慢地向你靠近！

目录

第一章
解密情绪：因为了解才能够读懂

纵目四顾，世界上有多少人受情绪所困扰？因为情绪不佳，多少人的工作、事业、家庭、生活以至人生受到影响？因此，情绪是人生中最具影响力、最重要和最基本的题目，同时也是在人类历史上最被忽视、最少研究的题目之一。

"情绪"究竟为何物 / 2

情绪变幻如何进行 / 5

了解负面情绪的征兆 / 10

拆除你的情绪地雷 / 13

如何控制你的情绪 / 16

情绪调节50则 / 20

第二章
控制情绪：别让情绪影响我们的健康

情绪对人的健康的影响是显而易见的，"气大伤身"讲的就是这样一个道理。现代医学表明，许多疾病的复发都是因为情绪不好引起的，所以说，控制好自己的情绪，别让情绪影响到我们的健康。

> 我命在我不在天 / 24
>
> 情绪伤身之7种暗器 / 27
>
> 善有善报 / 30
>
> 愤怒对健康的危害 / 31
>
> 快乐就健康 / 33
>
> 脱鞋的启示 / 36

第三章
调节情绪：别让情绪影响我们的生活

情绪的调节对于我们的生活至关重要。好的情绪会让我们的一天都阳光灿烂，生活美满，不好的情绪会让我们时常抱怨生活，从而让我们陷入到无限的痛苦当中。

> 身在福中不知福 / 40
>
> 不要预支明天的烦恼 / 41
>
> 我想通了，你想开了吗？ / 42
>
> 内心平安，生活美好 / 44

第四章
改善情绪：别让情绪影响我们的成功

改善自己的情绪，对于我们的成功大有裨益。好的情绪可以让我们全神贯注，一心一意地把事情做好，对于困难能够笑着面对，对于挫折能够笑着接受，从而调整前进的方向，达到最后的成功。

成功的人找方法 / 48

情绪决定胜负 / 50

成功的情绪障碍 / 53

保持成功者的心态 / 56

不要走入"自我失败"的思维模式 / 58

别把机会看成问题 / 59

第五章
善用情绪：让你的情绪可以影响他人

情绪影响力就是一个人所拥有的可以影响他人行为的情绪智力。情绪影响力就像是重力，无法直接看到，但是它的影响效果可以感觉到，具有强大的感染力。每个人其实都拥有可以影响他人的力量，无论那些情绪力量是好是坏。

传染微笑而消除敌意 / 62

情绪传染 / 65

慈悲的藤条 / 67

给人一个台阶 / 68

人是很容易被感动的 / 69

第六章
愤怒和焦虑：改变他人不如改变自己

愤怒犹如火山爆发。愤怒的人会变得毫无宽恕能力，甚至不可理喻，思想尽是围绕着报复打转，根本不计任何后果。愤怒之火不但破坏了周遭环境，更重要的是毁坏了自己。因此及时地浇灭愤怒之火，是自我保全的有效手段。

什么是愤怒 / 72

控制自己的愤怒 / 73

冷静的方法 / 75

应对别人的愤怒 / 76

剥开焦虑情绪的"洋葱皮" / 78

焦虑的成因 / 80

不要让小忧虑"长大" / 81

向焦虑挥手 / 82

第七章
孤独和空虚：走出无法自拔的潮湿情绪

孤独并不单纯是指独自生活，也并非意味着独来独往。一个人独处，并不一定会感到孤独；而置身于大庭广众之下，未必就没有孤独感。事实上，只要你对周围的一切缺乏了解，只要你和身外的世界无法沟通，你就会体验到孤独的滋味。孤独是快乐心情的敌人，你不战胜它，就会被它征服，陷入痛苦之中而不可自拔。所以，我们要战胜孤独。/ 85

现代人的通病 / 86

孤独的成因 / 86

超越孤独 / 88

你为什么会空虚 / 89

空虚是什么 / 90

空虚是否有理由 / 91

挥别空虚 / 92

第八章
恐惧和紧张：放松心情，笑对生活

人多的地方，有些人容易感到恐惧和紧张。这个时候你需要放松自己的心情，只有让心情得到放松，你才能保持从容，随后，恐惧和紧张的情绪也就自然消失了。

你是否有社交恐惧 / 96

常见的社交恐惧 / 99

人为什么会患社交恐惧症 / 102

快把社交恐惧症赶走 / 102

紧张情绪的测试 / 104

第九章
嫉妒和自卑：摆正心态，提升自我

嫉妒是与他人比较，发现自己在才能、名誉、地位或境遇等方面不如别人而产生的一种由羞愧、愤怒、怨恨等组成的复杂情绪状态。对待嫉妒，有上、中、下品。上品的心胸开阔，能悦纳大千世界的各种色彩，"世上本无妒，庸人自扰之"，这种人近乎圣人，很少。中品的虽然免不了嫉妒几下，但是能有意识地调节自己的心理状态，克服偏激心理，正视现实，变嫉妒为赶超，实在赶不上也就算了。下品的沉溺在嫉妒的泥潭里，撩蜂吃螫，又嗷嗷叫痛，这种自作自受的人并不少见。你想做哪一种人呢？

嫉妒缘何而来 / 108

欲无后悔须律己，各有前程莫妒人 / 108

淡化你身边的嫉妒 / 110

自卑者的行为模式 / 114

战胜自卑的方案 / 116

用实际行动建立自信 / 118

第十章
爱与感恩：洗刷心灵的污染

福克斯说得好，只要你有足够的爱心，就可以成为全世界最有影响力的人。任何负面的情绪在与爱接触后，就如冰雪遇上了阳光，很容易就融化了。如果现在有个人跟你发脾气，你只要始终对他施以爱心及温情，最后他们便会改变先前的情绪。爱是最为重要的精神"营养素"。

我心向爱 / 122

关于爱 / 126

另一种珍爱 / 128

感恩 / 130

感恩你的父母 / 131

感恩你的老板 / 134

感恩你自己 / 135

第十一章
宽容与助人：赠人玫瑰，手有余香

人生百态，万事万物难免不够顺心如意，无名火与萎靡颓废常相伴而生，宽容是脱离种种烦扰、减轻心理压力的法宝。宽容不是逃避，而是豁达与睿智。

对人要宽宏大量 / 138

宽容是一种品质 / 142

把别人当成自己 / 143

一杯牛奶 / 145

第十二章
热情与活力：释放压抑的内心世界

热情创造奇迹，不奔波就好像没有活着。热情促使人积极行动，热情带来速度和效率。热情是一种积极的心态，心态决定人生。积极的心态给很多人的命运带来转机。怎样运用热情呢？哪些方面需要热情呢？其实，做任何事、任何方面都需要热情。

热情=成功的基因 / 148

生活需要热情 / 149

人生需要一点疯狂 / 150

多清醒一小时 / 151

学会放松 / 152

保持充沛活力的方法 / 153

第十三章
快乐与幽默：再苦再累也要笑一笑

要想脸上表现出快乐的样子，并不是说要你不去理会所面对的困难，而是要知道学会如何保持快乐的心情，这样就有可能改变你生活中的许多事情。只要你能脸上常带笑容，就不会有太多的事情引起你的痛苦。

放大自己的快乐 / 156

自己握住快乐的钥匙 / 157

生产快乐 / 159

幽默锻炼情绪肌肉 / 162

幽默是精神家园的支撑力 / 165

幽默感的心理调节功能 / 166

幽默是心灵除皱剂 / 167

怎样培养幽默感 / 170

第十四章
弯曲与自信：放下重负，自信坚强

有的时候，你的情绪要多一点变通，该示弱的时候示弱，该自信的时候自信。只有这样，你才能调整好自己的状态，一步一步朝着成功迈进。

弹性生存 / 174

有一种美丽叫做"退" / 175

山不过来我过去 / 176

自尊的弹性 / 178

相信自己 / 179

怎样建立自信 / 181

第十五章
男人的情绪：拿得起放得下最重要

失业、减薪、女性的崛起、经营环境的改变、全球化的竞争，男人面对的是更严酷的考验与选择：要不要外派？该不该跳槽？在家人与事业中如何平衡？无止境地打拼，会不会到头来又是泡沫一场？现实与梦想，失落感与期望的拉锯，让男人有很大的压力和紧张感。所以，男人更应该管理好自己的情绪，要拿得起放得下。

如何不让情绪伤人伤己 / 184

缓解男人的焦虑 / 186

男人哭吧不是罪 / 189

男人更需要关怀 / 190

第十六章
女人的情绪：别让感性支配了你自己

生存于当下，现代女性的压力也一样无处不在。即便没有压力，坏情绪也会不分时间地点地忽然就来。怎么办？你要做的当然是消灭它，消化它，不能任由情绪化折磨自己和别人的神经。

今天你情绪化了没有 / 196

女人的情绪类型 / 198

饶了自己 / 202

快乐女人的16个心理处方 / 205

第一章

解密情绪：
因为了解才能够读懂

纵目四顾，世界上有多少人受情绪所困扰？因为情绪不佳，多少人的工作、事业、家庭、生活以至人生受到影响？因此，情绪是人生中最具影响力、最重要和最基本的题目，同时也是在人类历史上最被忽视、最少研究的题目之一。

"情绪"究竟为何物

英国一位文学家曾说过:"对好思索的人而言,生命是喜剧;对只凭感觉的人而言,生命是悲剧。"

生活中,人随时随地都会有喜怒悲惧的起伏变化,人的一切活动无不打上情绪的印迹。情绪像是染色剂,使人的生活染上各种各样的色彩;情绪又恰似催化剂,使人的活动加速或减速进行。人需要的、快乐的情绪,它是获得幸福与成功的动力,使人充满生机;人也会体验焦虑、痛苦等消极的情绪,它使人心灰意冷,沮丧消沉,若不妥善处理,还可能严重危害身心。人的一生,就是这样游弋在情绪海洋中,在色彩斑斓的情绪世界里领略着人生百味。古往今来,人们为此感叹,亦因此迷惑,不断提出一个古老又常新的问题——情绪、情感究竟是什么?

情绪泛指一个人的心灵、感觉、感情的骚动,指任何激越或兴奋的心理状态。或指一个人的感觉及其特有的思想、生理与心理状态及其相关行为倾向,如愤怒、恐惧、痛苦、羞耻、忧伤、冲动、讥讽、自卑、暴力、快乐、兴奋、自信、爱心、毅力、迷恋等都是。人的一切言行及其最终结局皆源于人的情绪及心理活动。

从对人的作用,或者从"人生理的意义"这个角度看,情绪不只如上述定义那么简单。在这里,让我介绍情绪的7种意义。

1. **情绪是生命中不可分割的一部分**

从生理学的角度分析,情绪其实是大脑与身体的相互协调和推动所产生的现象,因此,一个正常的人,必然是有情绪的。不仅如此,没有某些情绪的人,其实是有缺憾、不完整的人,其人生不是有欠缺，就是痛苦至极。

2. 情绪绝对诚实可靠和正确

除非我们内心里的信念、价值观和规条系统有所改变，否则，每次对同样的事我们都会自然地有同样的情绪反应。如果你是一个对死老鼠或者某些事物特别反感或害怕的人，每次偶然遇上，你的惊叫、跳起来或者其他的行为，不是每次都一样，并且马上出现吗？某人的嘴脸，或者他说的某些话，在你每次遇到他时不是都触起你同样的情绪反应吗？

3. 情绪从来都不是问题

如果你感到不适去看医生，医生说你的额头很烫，需要做手术切除，你会觉得这个医生精神有点不正常吧？人人都知道额头很烫是身体有病的症状，可能是肠胃有毛病，也可能是感冒。症状使我们知道健康有问题，但它本身不是问题。情绪也是一样，它只是症状而已，可是绝大部分人都把情绪看作是问题本身（家长往往针对孩子的情绪而加以斥责，目的只是制止情绪的出现，便是最普遍的例子），情绪只是告诉我们，人生理有些事情出现了，需要我们去处理。

4. 情绪是教我们在事情中该有所学习

人生中出现的每一件事都提供我们学习怎样使人生变得更好的机会。情绪的出现，正是保证我们有所学习。每种情绪都有其意义和价值，不是给我们指明一个方向，便是给我们一份力量，甚至两者兼有。如果我们甘心被别人看低，我们便不会发奋；如果我们没有痛的感觉，我们便不会把手从火炉上抽回；如果我们没有恐惧，生命定会变得脆弱！

5. 情绪应该为我们服务，而不应成为我们的主人

如果情绪能被妥善运用，是可以使人生变得更好的。只是要"运用"它，必须先使它臣服，受你驾驭。情绪即是生命的一部分，就像我们的手与脚、过去的经验、累积了的知识能力等，是为我们服务，使人生更美满的内容。可惜的是，在今天社会上有很多人都陷入了迷惘苦恼中，不能自拔，成为自己情绪的奴隶，而不是驾驭自己情绪的主人。这种情况是可以扭转的，有很多技巧可以帮助每一个人成为自己情绪的主人。

6. 情绪是经验记忆的必需部分

我们的大脑在把摄入的资料储存为记忆的过程中，把这些资料的意义决定下来是最重要的一个程序，称之为"编码"程序。这个程序其实是把摄入的资料与已存的过去资料比较合并后得出的模糊意义，经由我们的信念、价值观和规条系统做一次过滤，所得出的意义才能纳入我们的记忆系统做长期储存。这份意义必有一份感觉并存。没有此等感觉的，便是没有做或者未做好"编码"程序。何以见得？你少年时在学校曾经熟读的那些书的内容，现在还记得多少？相反小学三年级时被老师罚站在教室门外的一次经历，却永世难忘。何解？那便是因为前者未做好"编码"工作，而后者做好了。如果说《长恨歌》那么长的唐诗你也记得，那是因为诗中的每一句你都有很深的感觉。所以，感觉是记忆储存的必需部分。

7. 情绪就是我们的能力

活到今天，你当然拥有很多能力，在很多事情上，你都有自信、勇气、冲动，或者是冷静、轻松、优悠，或者是坚定、决心，又或者是创造力、幽默感，更或者是敢冒险、灵活、随机应变……所有这些能力，细想一下，你会发觉都是一份感觉，一份内心里的感觉。即使有知识、技能和其他的资源去助你，使用这些资源的原动力，仍是这份内心里的感觉。没有这份感觉，我们即使具备了这些资源也不会去用，或者用不好。

情绪变幻如何进行

一个震惊世界的重要时刻，北京时间2004年1月4日12时35分，地点是美国宇航局指挥中心，全世界瞩目的焦点。

"我们回来了。我们登上火星了！"一个狂喜的美国宇航局官员在高声叫喊着，刚才的压抑与安静的气氛被彻底打破了，所有的科学家、政府官员和工作人员都兴奋地拥抱在一起，这里面还有一个身穿美国星条旗图案、戴着眼镜的黄皮肤年轻人，挥舞着右拳，满脸兴奋地欢呼，情不自禁地在人群中转着圈子，手舞足蹈，他就是在这次计划中起着关键作用的华裔科学家李炜钧……

科学家获得重大科学成果的那种兴奋情绪溢于言表，他们对科学发现的强烈感受，以及欣喜若狂的情绪状态，极其真切地让人们分享着。这样的情绪状态，也只是众多情绪状态中的一种。

作为具有多种变相形式的情绪状态，比较常见的有心境、激情、应激3种。

1.心境

心境是一种比较微弱而在较长时间里持续存在的情绪状态。心境不是关于某一事件的特定体验，它具有广延、弥散的特点；它似乎成为一种内心世界的背景，每时每刻发生的心理事件都受这一情绪背景的影响，使之产生与这一心境相关的色调。

心境对人的生活、工作、学习有着直接而明显的影响，能对人的精神状态产生很大的影响。当人们处在某种心情时，在几乎完全没有意识到的情况下，这种心情就不自觉地扩散到人们的活动过程中，使其以同样的情绪状态看待一切事物，从而对人们的行为产生影响。心境状态的形成往往由对人有重要意义的情况所引起而滞留在心理状态之中。举凡工作的顺逆、事业的成败、人际关系、健康状况、甚至天气、环境，都可成为某种心境的原因。人对引起心境的原因并不都能清楚地意识到，但它的出现总是有原因的。

心境对人的生活活动有很大的影响。积极、良好的心境有助于提高效率、克服困难；消极、不良的心境使人厌烦、消沉。除了外界因素可以影响人的心境外，身体的自我感觉（如健康状况、个性特点等）也可以引起心境的变化。例如，心境稳定与否和人的个性特征息息相关，乐观洒脱的人心境一般都很愉快，而悲观狭隘的人心境通常都很郁闷。

在日常生活中，人们很难发现引起心境变化的原因，经常听人说："不知道怎么搞的，这几天烦透了。"当一个人意识到自己的心境不好的时候，就应当努力找到导致这种心境的原因，并设法改变这种情绪状态。与那些飘忽不定、影响时间较短的心境相比，每个人所特有的稳定心境才是构成人们各自独特性格的主要原因。

一个人稳定的心境是由其占主导地位的情感体验所决定的。例如，有的人总是生气勃勃、笑口常开，这种人愉快的心境占主导地位；有的人总是死气沉沉、愁容满面，这种人忧伤的心境占主导地位。我们要注意培养、保持积极健康的稳定心境，和谐的关系、积极向上的生活态度、健康的身体等，都是形成积极性稳定心境的重要条件。

因此，对自己或他人心境的觉知，有助于对消极心境的克服。

2. 激情

激情是一种强烈的、爆发式的、短暂的情绪存在形式。激情属于在"激动—平静"维量中偏激动极的情绪。激情常常是由意外事件或对立意向冲突所引起的。激情可以是正性的，也可以是负性的。暴怒、惊恐、狂喜、悲痛、绝望的激烈状态都是激情的例子。

激情有明显的外部表现，整个人都被卷进。在激情状态下，人的认识活动范围往往会缩小，在短暂中，理智分析和控制能力均会减弱。因此，对负性的过分激动应当避免。例如，使注意转移以冲淡激情爆发的程度。积极性质的激动虽有动员人的力量的作用，但过度激动并不十分可取。

3. 应激

应激是在出乎意料的紧急情况下所引起的情绪状态。例如，汽车司机在驾驶过程中出现危险情景的时刻，地震、火灾等时刻，都会使人发生应激状态。应激被认为是一种紧张而带有不愉快的情绪。应激英文 stress 是由拉丁语 stringer 所派生的，意为"费力地抽取"或"紧紧地捆扎"。运用于心理生理反应中，含有紧张的意思。指紧张而带有压力的情绪状态。应激与其他情绪相结合可以形成各种复合性的情绪。如与痛苦、惧怕、失望等情绪相结合表现为抑郁性紧张；如与恐惧、厌恶、愠怒等情绪相结合，表现为焦虑性紧张等等。引起应激的原因是多种多样的，但它们通常不能直接引起个体的应激。

研究表明，在刺激与应激之间还有许多中间因素，如生活经验、应付能力、个性特点、健康状况、认知评价、理想和信念、社会支持等等。产生应激状态的认知原因有：

（1）个人已有的知识经验与当前所面临任务的新要求不相一致或者是新异情境的要求是过去所从未经历过的，这时就会导致应激状态。

（2）个人已有的知识经验使人对当前的境遇感到无能为力，也会导致应激状态。人长期处于应激状态下，对健康不利，甚至会有危险。加拿大生理学家谢尔耶等人的研究表明，人长期处于应激状态会击溃一个人的生物化学保护机制，使人的抵抗力降低，容易得病，引起"一般适应综合征"。在生活中要尽量减少和避免不必要的应激状态,并且还要学会科学地对待应激状态。

4.情绪还有一种表现状态,就是表情

表情是表达情感状态的身体各部分的动作变化模式。表情动作是一种独具特色的情绪语言,它以有形的方式体现出感情的内在体验,成为人际间感情交流和相互理解的工具之一,也是了解感情的主观体验的客观指标之一。

(1)表情类别

表情包括面部表情、姿态表情和声调表情。面部表情是额眉、鼻颊、口唇等全部颜面肌肉的变化所组成的模式。例如,愉快时额眉平展、面颊上提、嘴角上翘;悲伤时额眉紧锁、上下眼睑趋近闭合,嘴角下拉;轻蔑时嘴角微撇、鼻子耸起、双目斜视等,形成标定各种具体情绪的模式。由于面部表情模式能最精细地区分出不同性质的情绪,因而是鉴别情绪的主要标志。姿态表情是除颜面以外身体其他部分的表情动作,例如,狂喜时捧腹大笑,悔恨时捶胸顿足,愤怒时摩拳擦掌等。其中,手势是一种重要的姿态表情,它协同或补充表达言语内容的情绪信息。手势表情是后天习得的,由于社会文化、传统习惯的影响而往往具有民族或团体的差异。

面部表情和姿态表情均由随意运动所支配,因此可在一定程度上被随意地控制。姿态表情虽不像面部表情那样能细微地区分各种情绪,但它能与面部表情一起表露情绪信息。也往往在人有意地控制面部表情时,而由身体姿态泄露真情。例如,一个人用和蔼微笑的面容去掩饰对对方的愤怒时,他那紧握的拳头、僵硬的肢体却明白无误地泄露了真情实感。除面部表情、姿态表情外,声调也是表达情绪的一种形式。声调表情指情绪发生时在语言的音调、节奏和速度方面的变化。例如,悲哀时语调低沉,语速缓慢;喜悦时语调高昂,语速较快。此外,感叹、烦闷、讥讽、鄙视等也都有一定的音调变化。语言是交流思想的工具,言语中音调的

高低、强弱，节奏的快慢等所表达的情绪，则成为言语交际的重要辅助手段。在上述3种表情形式中，姿态表情和声调表情都不具有标定特定情绪的特异模式，唯独面部表情所携带的情绪信息具有特异性。因此，面部表情在、情绪的通讯交流中起主导作用，姿态和声调表情则是表情的辅助形式。

（2）面部表情的先天预成性与后天习得性

面部表情是先天程序化的模式。达尔文在《人类和动物的表情》一书中总结道："表情是动物和人类进化过程中适应性动作的遗迹。"在种族进化过程中，有些对机体生存具有适应价值的面部动作，最初并不是有意识地传达情绪的。但由于其适应意义，在漫长的演化过程中逐渐形成固定的生理解剖痕迹而遗传下来，发展成为表达特殊情绪的面部肌肉模式。

例如，啼哭时嘴角下撇、眉眼皱起的面部模式源自人类祖先在困难、痛苦中求援的适应性动作；愤怒时咬牙切齿、鼻孔张大的面型是准备搏斗时的适应性动作；厌恶表情源自呕吐的面部动作。这说明面部表情是具有原始的生物学根据的。

许多研究都证明了面部表情的先天预成性。首先，婴儿生来就具有表情，在出生后一年内，婴儿逐渐显露出兴趣、愉快、厌恶、痛苦等基本情绪表情，这些表情是随着婴儿的生理成熟而逐渐显现的。其次，先天盲婴在发生早期显露与正常婴儿同样的面部表情。只是由于盲婴得不到来自成人面部表情的视觉强化，他们的表情才在以后逐渐变得淡薄。再次，跨文化研究表明，基本情绪的面部表情模式通见于全人类，具有跨文化的一致性。艾克曼在20世纪60年代做的一项研究表明，从未与西方文化有过任何接触的新几内亚原始部落民族，按照向他们讲述的故事情节，能准确判别西方人的面部表情（照片）；而这些原始部落人的表情模式也能被西方人的面部表情（照片）所感染；而这些原始部落人的表情是先天预成的程序化模式。

正如艾克曼所说的那样，外国人的表情不是"外国语"；表情在很大程度上使人相通。表情在个体发展中不断受到社会文化的影响，使得表情的显露从先天预成性向整合性、随意性转化。

诚如前述，为了适应社会情境、文化规范以及人际关系的需要，表情经常被主体所修饰。表情的随意性体现了情绪的社会适应性，是情绪的生物适应性在人类身上的延伸。面部表情的社会化使得人类表情极大地复杂化起来，具有后天习得的性质，所以面部表情兼有先天预成性和后天习得性。

先天盲童的表情不像常人那样灵活与丰富，且日见匮乏和单调，这种情况说明，社会强化对于表情的维持与发展起着重要的作用。面部表情社会化的另一结果是形成文化差异。在不同民族之间，某些带有特定文化意义的表情信号可能是不相通的，而且在表情规范方面也存在着文化差异。

例如，中国传统文化讲究含蓄，情绪的喜怒不形于色；日本人强调礼仪，在陌生场合绝不表现愠怒；而美国人则追求个性，情绪表达较为开放。

了解负面情绪的征兆

当自己生气的时候，自己一定会察觉到"我在生气"吗？未必！我们的情绪起了变化的时候，注意力会放在引起情绪反应的事情上，也就是陷入情绪当中，无法"跳出来"，经常在事后才察觉到"我刚才很生气"。试着在有情绪反应时，除了注意到引起情绪的事件之外，也能分些注意力去体察自己内心的情绪状态。

未雨绸缪，提前做好应对情绪变化的准备。

第一章 解密情绪：因为了解才能够读懂

格尔曼认为，几乎所有的情绪都是进化配制好的程序，是驱动人们应付环境、即刻行动的反应冲动。

人类情绪反应的每一种都有其独特的功能，各有其不同的生物特征。以下就是格尔曼列举的，促使有机体做出不同反应的情绪生理机制：

1. 人在愤怒时，血液涌向手部，便于抓住武器，打击敌人。此时心率加快，肾上腺素类激素分泌猛增，注入血液，产生强大的能量，应付激烈的行动。

2. 人在恐惧时，血液流向大骨骼肌，如流向大腿，以便于奔跑；脸部则因缺血而变得惨白，同时会有血液流式的"冰冷"感觉。而能有一瞬间，躯体僵化，也许是争取时间来衡量藏匿是否为上策。大脑的情绪回路中枢激发大量激素，使躯体处于全面警戒状态，一触即发，密切注视逼近的威胁，随时采取最佳的反应行动。

3. 人在快乐时，大脑中枢抑制消极情绪的部位激活，产生忧虑情绪的部位则沉寂，准备行动等能量增加。不过，除这种静止状态外，并无其他特殊的生理变化，这将有利于机体从消极情绪的生理激发状态迅速恢复。这一机制不仅可使机体以逸待劳，而且还有养精蓄锐之意，可随时迎接一起挑战。

4. 人在温柔、性满足时则激活复交感神经系统，在生理反应上，刚好与恐惧和愤怒引发的"战斗或逃跑"反应相反。复交感神经系统主要是"放松反应"，使机体处于一种平静和满足的状态，乐于合作、配合。

5. 人在惊讶时，眉毛上扬，扩大了视觉搜索范围。视网膜上接收到更多的刺激，可获取意外事件的更多信息，有助于更准确地判断事件性质及策划最佳行动方案。

6. 人在厌恶时，上唇扭向一边，鼻子微皱。这种表情几乎全世界都一样，它明白无误地显示：某种气味令人恶心。达尔

-11-

文认为这是为了关闭鼻孔，阻击吸入讨厌的气味，或是张嘴呕出有毒食物。

7.悲哀的主要功能是帮助调试严重的失落感，诸如最亲近的人失去或重大失败等。悲哀减退了生命的活力与热情，对消遣娱乐已全无兴致，继续下去几成抑郁，机体的新陈代谢也因之减慢。但这种回撤提供了一个反省的机会：悲悼所失，同时细嚼生命希望之所在，重聚能量，重整旗鼓，从头再来。

悲哀可能是能量暂时衰退，就早期人类而言，可把他们留在家里，因为此时他们较脆弱，易遭受伤害。其实这是一种安全保护机制。

很多时候，人们在尚未知晓有某事发生之前，已出现该种感受的生理反应。举例来说，当怕蛇的人看到蛇的图片时，皮肤的感觉器可观察到汗水冒出来，这就是焦虑的征兆，但这个人并不一定感觉害怕。

甚至在图片只是快速闪过时，他并没有明确意识到看见了什么，当然也不可能开始感到焦虑，但仍然还是会有冒汗的情形。

当这种潜意识下的情绪刺激持续增强时，最后将凸显于意识层。可以说人们都有意识和无意识两层情绪，情绪到达意识层的那一刻，表现在前额叶皮质留下了记录。

在意识层之下，某些激昂沸腾的情绪会影响人们的反应，虽然他们对此可能茫然不知。

比如说，你早上出门时摔了一跤，到单位里好几个小时都因此烦躁不安，疑神疑鬼，乱发脾气。但是你对这种无意识层的情绪波动一无所知，别人提醒你时你还颇为惊讶。

一旦这种反应上升到意识层，便会对发生的事重新评估，决定是否抛开早上的事带来的不愉快，换上轻松的心情。

第一章 解密情绪：因为了解才能够读懂

拆除你的情绪地雷

在一个企业中，一位男性主管很烦恼："我发现自己很容易发火，每当碰到员工或客户开会不守时，我就会怒火中烧，往往忍不住指责对方不够尊重，因此得罪了不少人。"他继续说，"我也知道这么做不好，可是我就是控制不了，怎么办呢？"

同样的情绪状况再三出现，这的确是许多人常见的情绪难题。为什么会如此呢？

1. 为什么情绪会重蹈覆辙

如果你仔细想想，就会发现自己的情绪反应其实是很固定的模式。会让自己生气的，往往就是那几种状况；而会让自己感到沮丧的，也不外乎某几样事件。每当这些特殊的情境发生时，我们就会启动固定的情绪反应，如同计算机设定好的程序一般，很自然地就会发生。这是因为你我所有的学习经验都会在大脑中产生新的神经回路，情绪反应的学习自然也不例外。所以当我们第一次碰到别人约会迟到，就忍不住将自己的不满宣泄出来，这个情绪反应的经验就形成了一个新的神经回路；如果自己不去有意识地加以修正，以后只要再碰到类似的状况，就会不假思索地再次做出大声斥责的行为。

所以，这也就是为什么我们常常在情绪上重蹈覆辙的原因。而如果这些负面的情绪反应模式不改变的话，就会发现自己老是为某事生气，不然就是经常为某事担心。这些负面情绪久久不处理，就容易造成身心失衡的现象，也很容易让自己产生压力感。

2. 找出你的情绪地雷区

及早改变情绪反应，进而阻止负面情绪的出现，是一项很

-13-

重要的释压技巧。那么该怎么做呢？

首先该做的，就是找出自己的"情绪地雷区"。既然这些会引爆我们负面情绪的事件都有迹可寻，那么你我首要任务，就是应该把这些情绪引爆点搞清楚，我把它称之为"情绪地雷区"。

每个人都有自己独特的情绪地雷区，需要靠自我反省及检视，才能画出完整的情绪地雷图。一个人的情绪地雷区可能是另一个人的安全区，例如，有人很在意别人守不守时；而另一个人对他人迟到完全不以为意，却很看不惯别人说谎。

会形成这些差别的原因，是每个人从小到大都有着不同的生活经验，父母的教导、自己的历练，再加上本身的个性，每个人的情绪地雷图于是也就有了不同的风貌。

怎么做，才能画出自己的情绪地雷图呢？

请你回想过去一个月内，曾出现过如下情绪的情境（至少各列3项）：

（1）当时，我感到很难过（伤心）。

（2）当时，我感到很生气。

（3）当时，我感到很担心（害怕）。

（4）当时，我感到很厌恶。

（5）当时，我感到压力很大。

3.思索自己的核心价值

所谓的核心价值，指的是你我心中那些根深蒂固的理念及想法，这些核心价值观的组合，就形成了我们每个人"我之所以为我"的基础。正因为如此，核心价值观并不容易改变，而且往往成了一辈子的坚持，如果任何人（包括自己在内）的言行违反了自己的核心价值，我们心中的怒火就会一触即发，毫无转圜余地地急速增温，也就往往成了情绪地雷。

例如，有人认为诚实很重要，是他的核心价值之一，那么只要他发现别人说话有所隐瞒，就很容易按捺不住，大发脾气。

如果有人深信"人人平等"，要是别人说话时贬损某个族群或是老瞧不起哪个团体，他就会觉得此人大大不对，而马上面有愠色，挺身主持公道。

这些对我们而言非常重要的信念，往往也就成了我们情绪地雷的导火线，所以当然得先检查一番。

要找出核心价值观，请试着回答下面的问题：

（1）我认为一个人该表现出的理想特质包括什么？

（2）对我而言，生活中有哪些价值及规范是非常重要的？

（3）我欣赏的偶像身上具备哪些超赞的特质？

现在你该对自己的核心价值有所了解了吧？不论是"谦虚""诚恳""守信""负责"等，找出这些价值之后，不但能让自己更了解自己，也能有更多的线索去发现自己的情绪地雷。

4. 采取避雷方案

画出情绪地雷图之后，接着就得采取避雷方案啰。

首先，不妨把自己画好的情绪地雷图贴在显眼的位置，好时常提醒自己，这些地方是情绪死穴，该努力地开始自我扫雷计划。

怎么做？这就要靠你自己来发挥创意了，想想看，怎么样才能让这些地雷不被引爆呢？

5. 安排B计划

这是个很棒的做法。例如，你的情绪地雷是"他人迟到"，每次只要跟你约的人没准时，你就必定会暴跳如雷。现在呢，开始随身带本书，别人晚到了你就展开B计划，把书拿出来认真地看，既不会浪费时间，又可以避免自己因东张西望而把心情弄得焦躁不安。反正这会儿再急也于事无补，先拆了自己的地雷，你就会发现自己甚至能好整以暇地告诉来电道歉的朋友："别急，慢慢来，反正我有事可做。"这么一来，既保住了自己的心情，又能征服朋友的心，岂不漂亮优雅多了？

自己的地雷自己拆，请快快想想，你能用哪些高招去拆除地雷呢？

6. 公开自己的情绪死穴

另外，情绪管理高手也可以将自己的情绪地雷图和周遭的人分享，索性昭告天下，自己有着这些地雷区。

例如，身为主管的人，就明白地告诉部属很容易让你情绪失控的情况是什么，然后笑着说："请大家多帮忙，在我还没成功拆雷前，请尽量避开我的死穴。"这么做不但救了自己，也帮助周遭的人避开了地雷区，防止不知情人士误闯地雷丛林，而被炸得莫名其妙。

当情绪地雷一个个被拆除后，你会发现自己的情绪地雷版图日渐缩小，而自己的心情就会愈来愈放松了。

如何控制你的情绪

情绪控制是对情绪的更紧密的把握，自觉地维护情绪平衡。特别是对消极情绪，要迅速有效地纠正过来。

最近，美国密歇根大学心理学家南迪·内森的一项研究发现，一般人的一生平均有十分之三的时间处于情绪不佳的状态，因此，人们常常需要与那些消极的情绪作斗争。

情绪变化往往会在我们的一些神经生理活动中表现出来。比如，当你听到自己失去了一次本该到手的晋升机会时，你的大脑神经就会立刻刺激身体产生大量起兴奋作用的"正肾上腺素"，其结果是使你怒气冲冲，坐卧不安，随时准备找人评评理，或者"讨个说法"。

当然，这并不意味着你应该压抑所有这些情绪反应。事实上，情绪有两种：消极的和积极的。我们的生活离不开情绪，它是我们对外面世界正常的心理反应，我们所必须做的只是不能让我们成为情绪的奴隶，不能让那些消极的心境左右我们的生活。

消极情绪对我们的健康十分有害，科学家们已经发现，经常发怒和充满敌意的人很可能患有心脏病，哈佛大学曾调查了1600名心脏病患者，发现他们中经常焦虑、抑郁和脾气暴躁者比普通人高三倍。

因此，可以毫不夸张地说，学会控制你的情绪是你生活中一件生死攸关的大事。以下是专家提供的几条最新劝告。

1. 寻找原因

当你闷闷不乐或者忧心忡忡时，你所要做的第一步是找出原因。29岁的弗兰西丝是一名广告公司职员，她一向心平气和，可有一阵子却像换了一个人似的，对同事和丈夫都没好脸色，后来她发现扰乱她心境的是担心自己会在一次最重要的公司人事安排中失去职位。"尽管我已被告知不会受到影响，"她说，"但我心里仍对此隐隐不安。"一旦弗兰西丝了解到自己真正害怕的是什么，她似乎就觉得轻松了许多。她说："我将这些内心的焦虑用语言明确表达出来，便发现事情并没有那么糟糕。"

找出问题症结后，弗兰西丝便集中精力对付它。"我开始充实自己，工作上也更加卖力。"结果，弗兰西丝不仅消除了内心的焦虑，还由于工作出色而被委以更重要的职务。

2. 尊重规律

加州大学心理学教授罗伯特·塞伊说："我们许多人都仅仅是将自己的情绪变化归之于外部发生的事，却忽视了它们很可能也与身体内在的生物节奏有关。我们吃的食物、健康水平及精力状况，甚至一天中的不同时段都能影响我们的情绪。"

塞伊教授的一项研究发现，那些睡得很晚的人更可能情绪不佳。此外，我们的精力往往在一天之始处于高峰，而在午后则有所下降。"一件坏事并不一定在任何时候都能使你烦心，"

塞伊说，"它往往是在你精力最差时影响你。"

塞伊教授还做过一个实验，他在一段时间里对125名实验者的情绪和体温变化进行了观察。他发现，当人们的体温在正常范围内处于上升期时，他们的心情要更愉快些，而此时他们的精力也最充沛。根据塞伊教授的结论，人的情绪变化是有周期的。塞伊本人就严格遵循着这一"生物节奏"的规律，他往往很早就开始工作，"我写作的最佳时间是早上"，而在下午，他一般都用来会客和处理杂事，"因为那时我的精力往往不够集中，更适合与人交谈"。

3. 睡眠充足

最近一项调查表明，美国的成年人平均每晚的睡眠时间不足7小时。

匹兹堡大学医学中心的罗拉德·达尔教授的一项研究发现，睡眠不足对我们的情绪影响极大，他说："对睡眠不足者而言，那些令人烦心的事更能左右他们的情绪。"

那么，一个成年人到底睡多长时间才足够呢？达尔教授做了一个实验，他在一个月的时间里，让14名被试者每晚在黑暗中待14小时，第一晚，他们每人几乎睡了11小时，仿佛是要补回以前没睡够的时间，此后，他们的睡觉时间满满地稳定在每晚8小时左右。

在此期间，达尔教授还让被试者一天两次记录他们的心情状态，所有的人都说在他们睡眠充足后心情最舒畅，看待事物的方式也更乐观。

4. 亲近自然

许多专家认为与自然亲近有助于人们心情愉快开朗，著名歌手弗·拉卡斯特说："每当我心情沮丧、抑郁时，我便去从事园林劳作，在与那些花草林木的接触中，我的不快之感也烟消云散了。"

假如你并不可能总到户外去活动，那么，即使走到窗前眺望一下青草绿树也对你的心情有所裨益。密歇根大学心理学家斯蒂芬·开普勒做过一个有趣的实验，他分别让两组人员在不同的环境中工作，一组的办公室窗户靠近自然景物，另一组的办公室则位于一个喧闹的停车场，结果他发现，前者比后者对工作的热情更高，更少出现不良心境，其效率也高得多。

5. 经常运动

另一个极有效地驱除不良心境的自助手段是健身运动。哪怕你只是散步 10 分钟，对克服你的坏心境都能收到立竿见影之效。研究人员发现，健身运动能使你的身体产生一系列的生理变化，其功效与那些能提神醒脑的药物类似。但比药物更胜一筹的是，健身运动对你是有百利而无一害的。不过，要做到效果明显，你最好是从事有氧运动——跑步、练体操、骑车、游泳和其他有一定强度的运动，运动之后再洗个热水澡则效果更佳。

6. 合理饮食

大脑活动的所有能量都能来自我们所吃的食物，因此情绪波动也常常与我们吃的东西有关。《食物与情绪》一书的作者索姆认为，对于那些每天早晨只喝一杯咖啡的人来说，心情不佳是一点也不足为怪的。

索姆建议，要确保你心情愉快，你应养成一些好的饮食习惯：定时就餐（早餐尤其不能省），限制咖啡和糖的摄入（它们都可能使你过于激动），每天至少喝六至八杯水（脱水易使人疲劳）。

据最新研究表明，碳水化合物更能使人心境平和、感觉舒畅。马萨诸塞州的营养生化学家詹狄斯·瓦特曼认为，碳水化合物能增加大脑血液中复合胺的含量，而该物质被认为是一种人体自然产生的镇静剂。各种水果、稻米、杂粮都是富含碳水化合物的食物。

7. 积极乐观

"一些人往往将自己的消极情绪和思想等同于现实本身，"

心理学家米切尔·霍德斯说,"其实,我们周围的环境从本质上说是中性的,是我们给它们加上了或积极或消极的价值,问题的关键是你倾向选择哪一种。"

霍德斯做了一个极为有趣的实验,他将同一张卡通漫画展示给两组被试者看,其中一组的人员被要求用牙齿咬着一支钢笔,这个姿势就仿佛在微笑一样;另一组人员则必须将笔用嘴唇衔着,显然,这种姿势使他们难以露出笑容。结果,霍德斯教授发现前一组比后一组被试者认为漫画更可笑。这个实验表明我们心情的不同往往不是由事物本身引起的,而是取决于我们看待事物的不同方式。

心理学家兰迪·莱森讲了一个他自己的故事:"有一天,我的秘书告诉我,你看起来好像不高兴,他自然是从我那紧锁的双眉和僵硬的面部表情看出来的。我也意识到确实如此,于是,我便对着镜子改变我的表情,嘿,不一会儿,那些消极的想法便没有了。"是啊,生命短暂,我们何苦自寻烦恼呢!

情绪调节50则

1. 基本原则

(1)如果你不想接受某项额外工作或承担某项额外义务就直率地说"不"。

(2)经常与亲近的人谈谈心。

(3)经常提醒自己:你是凡夫俗子,出点差错在所难免。

(4)切莫学做鸵鸟,应该敢于直面自己生活中的问题。

(5)切莫自己折磨自己。

(6)切莫将想说的话强压心底,只有说出来才有助于心态平衡。

（7）必要时对自己说：必须放松一下。

（8）尽量避免说"我现在立刻就要"此类话语，一切顺其自然为好。

（9）遇到婚姻、购房等生活中的重大难题，必须提醒自己：只有时间才能帮助解决问题。

（10）切莫失去能够理解你的朋友或亲人。

（11）记住你无法对他人的情绪承担责任。

（12）生活中遇到的一系列挫折，应当将它看作生活为你提供的教训。

（13）凡事应该预先设想可能出现的最坏结果以及应付办法，这样你对自己的应变能力会充满自信。

（14）最后，切莫再为那些你本人无权干预、无力监护的事而操心。

在家里

（15）打开家庭相册，重温过去的美好时光。

（16）去影剧院看一部熟悉而又喜欢的影片。

（17）关上电视机，在惬意的温水浴盆里好好休息一下。

（18）为自己买一束鲜花。

（19）打开唱片机，闭上眼睛舒舒服服地坐着聆听一段熟悉而美妙的音乐。

（20）附近如有公园或花园，可去那里散散心。

（21）回忆你一生中曾经拥有的最幸福的时光。

（23）给爱说笑话、懂幽默的朋友或亲人挂个电话。

（24）给自己斟上一杯葡萄酒，品尝一份特别精美的食品。

（25）随意做愉快的遐想，哪怕只有 5 分钟。

（26）挑选一种与自己工作性质完全不同的业余爱好。

（27）做自我按摩，它能有效地帮助你放松自己。

（28）打打网球或高尔夫球，活动一下身子。

（29）坐下写信，把积压了一个月的回信全部写完。

（30）为自己的男友或女友做一件令其高兴的事。

（31）专为自己献上一份礼物。

（32）上理发店去美化一下自己。

（33）变换一下口味，品尝一种平时不吃的食品。

（34）提早起床，外出散步，然后享受美味的早餐。

（35）房事的激情，也不失为一帖良药。

（36）切莫在购物高峰时间逛商店。

（37）买一对美丽的金鱼来观赏。

（38）买一盒带有海浪拍岸或热带丛林背景音乐的音带来欣赏。

（39）让晚间的浴室增加一点沁人心脾的芳香。

（40）攒钱买一台洗碗机。

（41）稍稍放低要求，不必每个星期穿着的每件衣服洗涤和熨平都必须达到专业水准。

（42）做一件完完全全只为自己的事情。

在工作上

（43）独自一人用餐，避开闲言碎语。

（44）对正确的批评不应生气，而应认真思考并加以总结。

（45）赴会前独自静坐10分钟。

（46）努力将用餐时间变为自我放松和休息的时间。

（47）彻底清理妨碍工作的一切多余物品（废品等）。

（48）给自己买件玩具。此法虽然有点愚蠢，但终于有了发泄的对象。

（49）经常伸伸双腿，转转颈部，挺挺胸部。

（50）不要一下班就走路，而应该闭上眼睛静心独坐一会儿，彻底放松，哪怕只用两分钟。

第二章

控制情绪：
别让情绪影响我们的健康

情绪对人的健康的影响是显而易见的，"气大伤身"讲的就是这样一个道理。现代医学表明，许多疾病的复发都是因为情绪不好引起的，所以说，控制好自己的情绪，别让情绪影响到我们的健康。

我命在我不在天

在中世纪，享有"医学之王"美誉的著名伊朗医学家西拿曾做过一个实验。他把两只公羊分别系在两个不同的地方，给予同样的食物。一个地方是平静、安稳没有危险的草坪；另一只公羊待的地方是旁边关着狼群的动物馆。第二只公羊由于经常看到狼在它身边窥视而整天提心吊胆，精神一直处于高度紧张状态，不久就死了。而前一只公羊却一直生活得很好。西拿做的这个实验表明了情绪对动物有很大的影响。

对于人，情绪对健康也有很大的影响。

我国史书上曾记载：春秋时吴国大夫伍子胥过昭关陷入进退两难之境时，因极度焦虑而一夜间须发全白。

现代医学研究表明，癌症、高血压、冠心病、溃疡病、神经官能症、甲状腺机能亢进，以及常见的偏头痛、哮喘、糖尿病等都与情绪状态有关。

此外，极度的紧张和激动，对人体也是有害的，甚至会危及生命。据悉，1981年世界女子排球赛期间，仅据北京友谊医院统计，急诊室接收的心血管病人就比平时增加了好几倍。特别是10月16日中国队战胜日本队以后，竟有9名心脏病患者病情恶化，其中两人因抢救无效死亡。另据报道，1982年西班牙世界杯足球赛期间，智利的一名叫路易斯的球迷在观看智利对奥地利的球赛时因过分激动而心肌梗塞身亡。据统计，在伦敦平均每10场国际球赛中就有4~6人因过分激动而猝死。因此，对心血管病人来讲，遇到极度紧张和过分激动的场面，应避免情绪波动和兴奋。

第二章 控制情绪：别让情绪影响我们的健康

清朝时候有位八府巡按，患了精神抑郁症，家里为他请了许多名医诊治，但都没有效果。有一天，一位老中医为他治疗，诊舌按脉，沉吟不语，过了好一会儿，老中医像煞有介事地说："哎呀，大人得的是月经不调症嘛！"这位巡按和他的家人听了以后，大笑不止，尤其是患病的巡按更是捧腹大笑。这次诊断过后，巡按每当想起此事，就禁不住笑了起来，可奇怪的是，就在他经历了一次次开怀大笑以后，他的病竟不药而愈了。巡按亲自拜访老中医，并询问其中缘由。这位老中医笑着说明原委："我是故意让你经常笑一笑，使你精神愉快，心情开朗，这样病自然就会好了。"

在一所专治肿瘤的医院里，住着两个病人。甲的肿瘤比较轻微，经过一段时间的治疗，已经基本痊愈；乙的肿瘤很严重，已到晚期，医院已经没有什么办法了，无奈让她回家休养。

这两个病人同一天出院。由于医院工作人员的马虎，在抄写出院通知时把两份病情给抄串了。病已基本痊愈的甲接到的是病重尚未全愈，要加强营养，注意休息的通知。一接到通知甲便紧张起来，忧虑重重，认为医生从前对他隐瞒了病情，病是无法治好了，结果出院后病情一天天加重，并有恶化的趋势，没过多久又住进医院，医生感到奇怪。而那个病情严重的乙看到出院通知上写着病情基本痊愈，心情顿时轻松起来，回到依山傍水的农村，这里环境幽雅，空气清新，经常食用新鲜蔬菜、水果，经常到四野散步，注意休息，再加上心情舒畅，精神愉快，被认为治不好的恶性肿瘤竟然不治而愈，后来到原来那所医院复查时，医生们认为这是奇迹。

还有一位抗癌明星，当他得知自己已是肝癌晚期，最多只能活 3~5 个月时，便坐火车跑到自己服役时的老连长承包的菜园，隐瞒了自己的病情，与老连长一起种菜、聊天，天天吃一盘白糖拌西红柿。他把病情完全抛到九霄云外，只想在生命的结束前活得自由自在。没想到半年过去了还活得好好的，再过了两年自己感觉和健康人一样，到原来的医院一检查，身上的癌细胞一个也找不到了。

这并不奇怪，完全是人的不同情绪使然。

人的情绪对健康影响极大。愉快喜悦的心情，会给人以正面的刺激，有益于健康；而苦恼消极的情绪会给人以负面影响，诱发各种疾病，使已有的病加重或恶化。

现代医学认为，良好的情绪可使机体生理机能处于最佳状态，使免疫系统发挥最大效率，能抗拒心理和生理性疾病的袭击，从而起到抗病健身的作用。

医学家认为，躯体本身就是疾病的良医，85%的疾病可以自我控制，只要神经松弛、精神愉快，余下的15%也不全靠医生，病人自己是不可忽视的因素。

因此，有的心理学家把情绪称为"生命的指挥棒""健康的寒暑表"。

马克思说："一种美好的心情，比千副良药更能解除生理上的疲惫和痛楚。"

法国的乔治桑说："心情愉快是肉体和精神上的最佳卫生法。"

情绪是可以由自己支配的。有这么一首诗：

"你要是心情愉快，健康就会常在；你要是心境开朗，眼前就是一片明亮；你要是经常知足，就会感到幸福；你要是不计较名利，就会感到一切如意。"

可见人完全可以做自己情绪的主人。如果我们拥有一个好的心情，提高适应环境的能力，保持乐观向上的精神状态，使自己进入豁达淡薄的境界，掌握生命的主动权，那就意味着健康长寿。所以，人的健康长寿是掌握在自己手里的。

葛洪认为"我命在我不在天"。印度名医特里古纳指出："你的生命由你自己决定。你的大脑就是控制你生命的枢纽，是健康的生活还是得病，全由你自己选择。"

毫无疑问，生命在于心情，健康得靠自己。选择了愉快，就选择了健康，生命就能放出异彩，就能够长寿。

那么你选择什么呢？

情绪伤身之7种暗器

人在认识周围事物或与他人接触的过程中，对任何人、事、物，都不会是无动于衷、冷酷无情的，而总是表现出某种相应的情感，如高兴或悲伤、喜爱或厌恶、愉快或忧愁、振奋或恐惧等。《黄帝内经》里说："有喜有怒，有忧有丧，有泽有燥，此象之常也。"意思是说，一个人有时高兴、有时发怒、有时忧愁、有时悲伤，好像自然界气候的变化有时候下雨、有时候干燥一样，是一种正常的现象。中医习惯把这种精神因素分为"七情"，即喜、怒、忧、思、悲、恐、惊。

七情不可为过，过激就会损伤脏器，有害身体。"怒则气上，喜则气缓，悲则气消，恐则气下，惊则气乱，思则气结。"又如"怒伤肝、喜伤心、思伤脾、忧伤肺、恐伤肾"等。

我们称其为"情绪伤身之七种暗器"。

暗器之一——"喜"

"喜"本是心情愉快的表现。俗话说"人逢喜事精神爽"，有高兴的事可使人精神焕发。但是高兴过度就会伤"心"，中医认为"心主神明"，心是情志思维活动的中枢，超乎常态的"喜"，会促使心神不安，甚至语无伦次，举止失常。如《儒林外史》中的"范进中举"故事，就是讲他数十年寒窗不得志，一旦中举，高兴得举止发狂，疯癫而目不识人。这就是中医所谓"喜乐无极则伤魄，魄伤则狂，狂者意不存"的原因。另外，过度喜悦能引起心跳加快，头目眩晕而不能自控，某些冠心病人亦可因过度兴奋而诱发心绞痛或心肌梗死。因此，喜乐当适度。喜则意和气畅，营卫舒调，但过度会走向反面。

暗器之二——"怒"

指人一旦遇到不合理的事情，或因事未遂，而出现的气愤不平、怒气勃发的现象。中医讲，肝气宜条达舒畅，肝柔则血和，肝郁则气逆。当人犯怒时，破坏了正常舒畅的心理环境，肝失条达，肝气就会横逆。故当生气后，人们常感到胁痛或两肋下发闷而不舒服；或不想吃饭、腹痛；甚至出现吐血等危症。中医术语称其为"肝气横逆，克犯脾土"。现代医学也认为：人处在极度精神紧张的情况下，可引起胃肠功能紊乱或形成消化性溃疡；亦有因血压升高而诱发冠心病导致猝死的。三国时代的周瑜因生气吐血而亡，这样的例子在日常生活中也会偶然发生。因此，从健康的角度出发，最好的办法是尽量戒怒，因为这对人对己都有益。

暗器之三——"忧"

指忧愁而沉郁。表现为忧心忡忡，愁眉苦脸而整日长吁短叹，垂头丧气。《灵枢·本神》说："愁忧者，气闭塞而不行。"若过度忧愁，则不仅损伤肺气，也要波及脾气而影响食欲。谚语说："愁一愁，少白头。"传说伍子胥过昭关，一夜之间须发全白，就是因为心中有事，过分忧愁所致的。

暗器之四——"思"

就是集中精力考虑问题。思虑完全是依靠人的主观意志来加以支配的。如果思虑过度，精神受到一定影响，思维也就更加紊乱了。诸如失眠多梦、神经衰弱等病，大多与过分思虑有关。中医认为：过思则伤脾，脾伤则吃饭不香，睡眠不佳，日久则气结不畅，百病随之而起。因此，对待社会上或生活中的某些事情，倘若"百思不得其解"的话，最好就不要去"解"它，因为越"解"越不顺，心中不顺则有可能导致"气结"。

暗器之五——"悲"

是由于哀伤、痛苦而产生的一种情态。表现为面色惨淡，神气不足，偶有所触及，即泪涌欲哭或悲痛欲绝。中医认为悲是忧的进一步发展，两者损害的均是肺脏（指肺气），故有"过悲则伤肺，肺伤则气消"之说。这说明悲哀太过是会伤及内脏的。因此，家庭中一旦发生不幸的事情，一定要节哀，以保重身体为要。

暗器之六——"恐"

是惧怕的意思，是指恐惧不安、心中害怕、精神过分紧张。例如，临深渊、履薄冰、人将捕之等。严重者亦可导致神昏、二便失禁。中医认为，恐惧过度则消耗肾气，使精气下陷不能上升，升降失调而出现大小便失禁、遗精、滑泄等症，严重的会发生精神错乱，癫病或疼厥。恐与惊密切相关，略有不同，多先有惊而继则生恐，故常惊恐并提。然惊多自外来，恐常由内生。

暗器之七——"惊"

是指突然遇到意外、非常事变，心理上骤然紧张。如耳闻巨响、目睹怪物、夜做噩梦等都会受惊。受惊后可表现为颜面失色、神飞魂荡、目瞪口呆、冷汗渗出，肢体运动失灵，或手中持物失落，重则惊叫，神昏僵仆，二便失禁，常谓如"惊弓之鸟"。几乎谁都有这样的体验，惊慌时会感到心脏怦怦乱跳，这是情绪引起交感神经系统处于兴奋状态的缘故。血压升高，也是最常见的表现，有人特制了一张靠背椅，一按电钮，椅背便立刻向后倾。让受试者紧靠椅背而坐，并测量血压；随后突然按动电钮，椅背立刻倒下，这人突然受惊，血压便骤然上升。科学试验表明，由惊恐所致血压升高，大多表现为收缩压升高，其机理是心脏搏出的血量增加。

想要免受以上7种暗器的伤害，人的情志活动就要保持相对的平静，平时就要重视思想修养及精神调摄，客观对待周围事情的变化，使自己的精神面貌经常处在乐观、愉快、安静、平和之中，这对养生有益。如此，暗器能奈我何？

善有善报

当我们拿到一张团体照，一般人最有兴趣也先想看的就是"我"在哪里。虽然"我"不一定长得最好看，但认为自己最重要则是正常人的通性。

所以要一般人爱自己比较容易，去爱别人就比较难。

然而如今的医学已证明，当我们嫉妒、愤怒、不满、诅咒、怨恨、忧郁时，我们体内就会分泌一些对身体有害的分泌物。也就是说，一个心理的反应或思想，就会产生一个肉体的具体表现。

比如说，当我们还未准备好，就被迫在大庭广众下表演时，一般人会因此感到害羞。害羞其实是一种心理的想法，但它却会产生一种身体的反应——脸马上红起来。有时一发怒或悲伤，就吃不下饭，一高兴或心情愉快，反而胃口大开，就必定多吃一碗。一些精神病患者，常会被要求吃一些"氯化铝"之类的药物，以稳定病情。他们就是因为长期处于愤恨、抱怨、恐惧之中，所以体内就分泌不出那些对身体有稳定性作用的"养分"。

久而久之，就会造成病态。

相同的，当我们在宽恕、赞美、感谢或对别人做任何好事时，我们的体内自然就会分泌出对自己身体有益的养分来。

如此我们就该明白，为什么观世音菩萨总是苦口婆心地，一再教导我们要去对别人好，因为在我们想着别人时，那个"善念"就会促使我们的体内自然产生一些对我们有益的养分来。所以宽恕、赞美、感恩虽然全都是针对别人的给予，但首先收益的却是我们自己。

如此看来，爱自己的人，最好的方法就是先去爱别人。

难道你还不相信善有善报吗？

愤怒对健康的危害

三国时期的周瑜机智过人，并且才艺超群。但是他气量比较小而妒忌心很强。诸葛亮就利用周瑜这个弱点施计得逞，气得周瑜狂呼"既生瑜，何生亮"。还有一次诸葛亮带兵打仗时，利用对方首领王朗脾气暴躁的弱点，在阵前痛骂对方首领，结果王朗羞怒交加，大吼一声，堕马而死。

唐太宗李世民是怎么死的？他是被女儿活活地气死的。公元649年6月的一天，老臣尉迟恭和程诰命夫人（程咬金之妻）一起来勤政殿面君，揭穿了高阳公主骗取诏书强休驸马之嫂（公主的妯娌），辱骂公爹，逼死宰相房玄龄的真相。李世民方知自己是受了女儿欺骗，害死了曾参与玄武门之变，帮自己登上皇位的老臣，深感痛悔不已。遂宣高阳公主问罪，却遭公主顶撞，一气之下，感到胸痛难忍、憋闷窒息，发病不到一个时辰，来不及抢救即一命归西。

日常生活中，当人的愿望不能实现、行动受到限制时，就会产生愤怒的情绪。如工作的失败、受骗上当、权力被架空、失恋、疾病缠身、秘密被泄露、劳累过度等都会在一定的心理条件下产生愤怒。

正如《内经》所说："喜怒不节，则伤脏，脏伤则病起。"无论什么原因产生的愤怒，都会影响人的身体健康。当人愤怒时，交感神经的兴奋性增强，从而促使心率加快、血压升高。所以经常发怒的人易患高血压、冠心病，而且易使病情加重，像周瑜、唐太宗那样的程度就会危及生命了。

人由于愤怒，食欲降低，或食而不化。经常如此，可使消化系统的生理功能发生紊乱。

怒还可影响人体的腺体分泌。

正在哺乳的母亲，由于发怒可使乳汁分泌减少或使其成分发生改变，这对婴儿是十分不利的。

人在受了委屈、侮辱而发怒时，泪腺分泌增强，泣不成声。

学者做过调查，发现儿童在愤怒时滴泪的占35%，在日常生活中妇女的这种情况更多见。

随着愤怒的程度和时间的增加，唾液可由增加而变得枯竭。比如，有的人在争吵开始时唾沫星子飞溅，逐渐就变得口干舌燥，吵嚷声随之也慢慢消失了。此时人的唾液成分多会发生改变，即使是吃平时最喜欢吃的东西也会觉得味道不美。

换个角度看，怒在一定条件下可激发起人的责任感，提高创造能力。因愤怒可使人发愤图强，历史上由于愤怒而有所创造的人是很多的。司马迁说："文王拘而演《周易》；仲尼厄而作《春秋》；屈原放逐乃赋《离骚》……大抵圣贤发愤之所为作也。"

快乐就健康

是先有健康才会快乐呢,还是先有快乐才会健康?如何以最少的努力与最多的快乐促进健康?

大自然提醒我们活跃的、放松的、休闲的生活方式,以及亲近美食、温暖、爱与性,追求快乐的生活方式,我们的祖先就是这样生存演化下来的。

工业革命以前人们大多在住所附近工作,虽然工作与农活辛苦,但是紧张的工作后总有一段自由、休闲的时间,交互轮流,可以依照自己的步调生活,中午可在林荫下睡午觉,还有时间跟孩子玩耍,享受晨曦,欣赏夕阳,可以聆听鸟鸣,也可以在稻草堆中打滚。

但今日经济时代,人们一大早起来挤公车到公司上班,中午虽疲累想睡但仍勉力继续工作,直到晚上再挤车回家。我们的祖先可能在物质上并不丰裕,但他们享受到时间上的自由和简单的快乐;过去,休闲是生活的主要部分,现在却成了奢侈品。

1.别忘了享受生命

很多人忘了该如何享受生命,或认为根本就不应该玩得开心,不让自己完全放松来体验快乐的感觉,找借口说没有时间去享受休闲活动,有做不完的工作,做不完的家务。

许多人常常看不见就在眼前的东西,人们会计算跑一场马拉松的好处,却忽略了观鱼赏花或跳舞;忽略了生活态度及与亲友的关系,可能比医疗上的养生之道还重要。

现在很多人做事本末倒置，明明是因为活着快乐，才会希望长寿多享受生命的乐趣，但常有人为了长寿，禁止自己去享受许多可以带给他快乐的东西，连自己的生日蛋糕都不敢吃。

所以我们认为，有乐趣的运动，不一定非要跑长跑到酸痛、疼痛才能带来健康，温和的运动可使你精神焕发，比较快乐有自信，得到自我控制的感觉。每天找出会让你更有体力的活动，融入你的生活，就不必另外花时间运动，例如，把车停得稍远一些，走路过去；爬楼梯不要搭电梯；走路穿过公园，热诚地跟人打招呼并且抬起你的手臂。有氧运动可以燃烧你的卡路里……

这里并非要鼓励你大吃大喝，不要运动，而是以生活方式达到健康为目的，偶尔大吃一顿没关系，只要不是每天大鱼大肉就无妨。

很多科学证据指出，我们天生就是喜欢快乐，在大脑的深处有一个地方直接对快乐的感觉起反应。所以单身、分居、离婚或鳏寡的人比结婚的人早逝的概率高2～3倍，他们住进精神病院的比例也比结婚者高5～10倍。心脏病、癌症、肺病、关节炎，以及怀孕时的并发症，常发生在社会关系不好、没有寄托的人身上。

快乐会增进你的免疫系统功能，使你比较少生病。看一场周星驰的电影会增强抵抗力。离婚对心脏病的影响，跟一天抽一包以上香烟一样大。

追求健康，关键在心智，做自己的主人，主宰自己的大脑，发掘自己的情感，发挥自己的心智，自然而然地活得健康。

林肯说："只有在心灵允许下，你才会快乐。"

2. 不要自寻烦恼

非常不幸，人类总是会自寻烦恼，本来应该对好事心存感激才觉得快乐，但是人类却用一把有弹性的尺去衡量它，总是会觉得不快乐，因为人类的大脑不停地想把不稳定的世界变得稳定，所以大脑的判断并非真正的快乐，快不快乐取决于我们衡量事物的那把有弹性的尺子。

老板年终给你 100 元，完全没有料到会发奖金的你觉得非常开心。但假设他告诉你要发 1000 元，后来改给 100 元，虽然你一样得了 100 元，然而你会将 100 元与你"失去的"1000 元相比，觉得很不快乐。

3. 品味简单的快乐

心智是个奇怪的东西，会记得不寻常的事，却忽略了普通的事。

总是注意飞机失事，却不注意每天全世界有四千多次飞机安全起降；只记得生命中的大事，而这些大事通常是极端正面或负面的。所以当我们回顾一生，会误认为快乐是建筑在那些重大的事件上，殊不知，很简单的乐趣，晴天去外面散步一小时、带狗儿去户外赛跑、劈柴或做手工艺，这些加起来的快乐远胜短暂的强烈感觉。

不要忽略了每天发生在我们生活中的小事情。

4. 为快乐留个位子

正如我们看到的，不要把你的一生押在大事上，比如，足彩中了 500 万、升总经理或赚了双倍的钱。其实每天都有许多快乐的小事让你高兴，你得有时间注意鸟语花香、美味的食物、醇厚的友谊和有意义的工作。身边简单的快乐是很重要的，因为它可以作为缓冲，保护你不受悲伤的冲击，更会直接影响你的健康。

不要一直沉溺在你的缺点中，记住快乐在于缩短你的期许和你的自我评价之间的距离。你可以改变你的期许,或者更简单一点,欣赏自己的长处。

生活中一定会有些决定、经历是很痛苦的,如亲人意外死亡、下岗失业、战争、疾病等,然而如果我们的日常生活中有足够的简单快乐,你就比较可以处理令人恐惧的事情。

请在心中为愉快的事情保留一个最显眼的位置吧。

请常想想上天对你的福泽。

脱鞋的启示

每当我们欲走入豪华饭店或干净建筑物时,我们这些所谓的有教养的人,总不会忘记把鞋上的脏东西跺掉,以免弄脏了室内。现在很多住家,当人们要进入之前,也一定要把鞋子脱下留在屋外,以免弄脏了地毯与室内环境。

当我们上班要进入公司,想把鞋上的脏东西跺掉的同时,以及下班回家在脱鞋子的时候,其实我们都常常忽略了那些最容易污染别人思想和情绪的负面批评与指责。实际上这些不好的东西,对同事、朋友或家人的污染影响,比鞋子上的脏东西可怕上千万倍!

有这样一幅漫画,描述了一家人的生活片段:男主人公在单位受了上司的训斥,情绪懊恼至极,一回家便冲着妻子发起火来;接下来,委屈无比的妻子操起家什痛打了孩子一顿;再接下来,眼泪未干的孩子抬腿猛踢正在脚边酣睡的小狗;小狗在迷糊中突然间受了这刺激,狂奔出去与众狗打起了群架……

有知识、工作好的高级白领在自己难以获得平衡的亚健康状态下回到家里发脾气、骂老婆、打儿子，这样的场景，可能是你我再熟悉不过的了吧。

如此平凡的生活，画成了漫画，便颇有些讽刺意味了。看过了笑过了，发人深思。

反观我们自己，就像漫画中所画的，反倒是普遍的"恶人专咬自家人"了。缘何把家作为发泄的场所，把家人作为发泄的对象呢？

有人说，家是一个不讲理的地方。很多我们在公司或外面不会或不敢做的事情和态度以及话语，在家中却习以为常，我们不是为了工作或生意而忍声吞气吗？这恶人之"恶"，也实在是迫不得已。不能咬外人，上司、同事、客户，都不能咬，又不能不咬，只能是回家解决了。然而我们在对自己的小孩或另一半时，又是一副什么样的嘴脸呢？天晓得！家庭的和谐与幸福，难道真的比不上工作重要吗？

之所以专拣了自家人来咬，无非是滥用了家人对自己的一个"情"字，以为有了"情"，便有了"谅"，有了"谅"，便可以在咬了之后照旧吃饱了拍拍肚皮过日子。

可是咬人者不知道给家里人带来了怎样的不愉快。发泄场中的发泄模特对象没有感觉没有知觉，任你肆意妄为，他都毫无怨言。可你的家人呢？亲密的家人即使给你的"亲情"再多，也禁不起你的反复"折磨"，总是会心痛的。

遗憾的是，我们每一个凡人常常一不留神便成了这样的恶人。自己"悲伤"还要让家人也"悲伤着你的悲伤"。

《圣经》里有这样一句话："不可到这里来，将你的鞋脱下，因为你所站的地方是圣地。"

我们把家当成"圣地"来经营吧，把一些不好的东西和负面的思想以及恶意的批评全留在屋外，多说些正面鼓励和赞美的话语，很快，这个家就会成为"天堂"，变成永远的心灵港湾！

第三章

调节情绪：
别让情绪影响我们的生活

情绪的调节对于我们的生活至关重要。好的情绪会让我们的一天都阳光灿烂，生活美满，不好的情绪会让我们时常抱怨生活，从而让我们陷入到无限的痛苦当中。

身在福中不知福

有一个人，整天抱怨自己没有鞋子穿，结果一出门，却遇见了一个没有脚可穿鞋的人。

幸福与否，关键不在我们的遭遇，而在于我们对自己的遭遇采取怎样的态度。假使我们在生活中还未得到自己喜欢的，那么我们就喜欢已有的。

1998年8月初，在福州开往南昌的火车上，从台湾来大陆出差的Andy找到他的座位时，确实有些失望，心中也真有些抱怨，开始怪他的朋友为何买这趟列车。要知道这列火车得走15小时才能抵达南昌市，为什么不买有冷气设备的车次呢？

当朋友告诉他，他们坐的是这列火车中设备最好的软卧铺时，Andy无话可说！

当他下车看见别的车厢，坐的全是硬板凳，不要说无法躺下去睡，连电扇也没有时，立即对他们必须在这种环境下度过这漫长的旅程产生了怜悯与同情，才警觉到，自己真的是身在福中不知福。

一出火车站，马上感觉到城市的闷热，慨叹南昌不愧有"四大火炉"之一的称号。

当Andy在路上招出租车时，却发现大部分的车子都摇下窗，心中感觉真纳闷，进入车内，立刻想请司机开冷气，这才发现车上根本没有冷气设备，Andy又一次无话可说，心想我顶多只坐30分钟就下车了！

不久司机就开始抱怨，为了生活他必须在车内待上十几小时。这时刚好遇上红灯，他们的车正好停在一辆载客人力三轮车旁边,当他俩的目光正往那位汗流浃背、全身湿透的车夫看去时,车夫也正好微笑地望向他们。奇怪的是,当绿灯亮起来,车子重新开动后,Andy 就再也没有听到这位司机先生的任何怨言,反而是跟 Andy 有说有笑,心情好像很愉快的样子。

Andy 心里想:这位仁兄,是否也体会到"身在福中不知福"的道理呢?

停止对生活不满的抱怨情绪吧,珍惜现在拥有的,才能更快乐地生活!

不要预支明天的烦恼

有个小和尚,每天早上负责清扫寺庙院子里的落叶。在冷飕飕的清晨起床扫落叶实在是一件苦差事,尤其在秋冬之际,每一次起风时,树叶总是随风飘落。

每天早上都需要花费许多时间才能清扫完树叶,这让小和尚头痛不已。他一直想要找个好办法让自己轻松些。

后来有个和尚跟他说:"你在明天打扫之前先用力摇树,把落叶统统摇下来,后天就可以不用辛苦扫落叶了。"

小和尚觉得这真是个好办法,于是隔天他起了个大早,使劲地猛摇树,这样他就可以把今天跟明天的落叶一次扫干净了。一整天小和尚都非常开心。

第二天,小和尚到院子一看,不禁傻眼了——院子里如往日一样落叶满地。

老和尚走了过来,意味深长地对小和尚说:"傻孩子,无论你今天怎么用力,明天的落叶还是会飘下来的啊!"

小和尚终于明白了,世上有很多事是无法提前的,唯有认真地活在当下,才是最真实的人生态度。

"怀着忧愁上床,就是背负着包袱睡觉。"

人生里有93%的烦恼都不是必须的,它们只存在于自我的想象中,往往不会出现。保持内心的平安和平静,才能够生活得幸福。许多人心里潜藏着一只名字叫作"烦恼"的小虫,常常放它出来吃掉自己难得的快乐与平静。

不要预支明天的烦恼,不要想早一步解决掉明天的烦恼。明天如果有烦恼,你今天是无法解决的,每一天都有每一天的人生功课,努力做好今天的功课再说吧!

我想通了,你想开了吗?

我们常说:"一个人要拿得起,放得下。"而在付诸行动时,"拿得起"容易,"放得下"可就难了。所谓"放得下",是指心理状态,就是遇到"千斤重担压心头"时能把心理上的重压卸掉,使之轻松自如。

人生不如意十常八九,别总把悲伤的事情放在心上,总要想得开,以理智克制感情,遇事要不计较,这些都体现了"放得下"的心理素质。

在现实生活中,"放不下、想不通"的事情实在太多了。

比如,子女升学啦,家长的心就首先放不下;又比如,老公升上去或者发财啦,老婆也会忐忑不安放不下心,怕男人有钱变坏了;再如,遇到挫折、失落或者因说错话、做错事受到上级和同事指责,以及好心被人误解受到委屈,于是心里总有个结解不开、放不下,等等。总之有些朋友就是这也放不下,那也放不下,想这想那,愁这愁那,心事不断,愁肠百结。

长此以往势必产生心理疲劳,乃至发展为心理障碍。英国科学家贝佛里奇指出:"疲劳过度的人是在追逐死亡。"我国唐代著名医药家、养生学家孙思邈,享年102岁。他在论述养生良方时说:"养生之道,常欲小劳,但莫大疲……莫忧思,莫大怒,莫悲愁,莫大惧……勿把忿恨耿耿于怀。"他指出这些心理负担都有损于健康和寿命。事实也是如此,有的人之所以感到生活得很累,无精打采,未老先衰,就因为习惯于将一些事情吊在心里放不下来,结果在心里刻上一条又一条"皱纹",把"心"折腾得劳而又老。

辨证论治,对症下药,处理上述各种状况时,最简单可行的方法就是"放得下"。"文革"期间有位从部队调到地方工作的师级干部,他因不服"四人帮"横行,而被打成"老右派"。当时批判他的大字报铺天盖地。但这位干部也真绝,在大热天居然披着棉大衣去看大字报。别人以为他"发寒热",他却幽默地说:"这就叫心定自然凉。"有位著名演员在受审查的"牛棚"里,不但说笑如常,而且还自编了一套"牛棚健身法",直到如今,他还在用此法锻炼身体,年过8旬照样到戏曲沙龙引吭高歌。"不管风吹浪打,胜似闲庭信步。"这是多么的放得下啊!这些都是特殊情况下特殊人物的特殊放得下。在通常情况下,"放得下"主要体现在以下几方面。

1. 财能否放得下

李白在《将进酒》诗中写道:"天生我材必有用,千金散尽还复来。"如能在这方面放得下,那可称是非常潇洒的"放"。

2. 情能否放得下

人世间最说不清道不明的就是一个"情"字。凡是陷入感情纠葛的人,往往会理智失控,剪不断,理还乱。若能在情方面放得下,可称是理智的"放"。

3. 名能否放得下

据专家分析，高智商、思维型的人，患心理障碍的比率相对较高。其主要原因在于他们一般都喜欢争强好胜，对名看得较重，有的甚至爱"名"如命，累得死去活来。倘然能对"名"放得下，就称得上是超脱的"放"。

4. 忧愁能否放得下

现实生活中令人忧愁的事实在太多了，就像宋朝女词人李清照所说的："才下眉头，却上心头。"忧愁可说是妨碍健康的"常见病，多发病"。狄更斯说："苦苦地去做根本就办不到的事情，会带来混乱和苦恼。"泰戈尔说："世界上的事情最好是一笑了之，不必用眼泪去冲洗。"如果能对忧愁放得下，那就可称是幸福的"放"，因为没有忧愁确实是一种幸福。

"宠辱不惊，看庭前花开花落；去留无意，望天上云卷云舒。"让我们一起来学会"放得下"，以此来增强我们的心理弹性，共享"放得下"的养生福分。

我想通了，你想开了吗？

内心平安，生活美好

放松下来，把你生活中的事情重新排个顺序，把对自己情绪的关心和照顾放在首位。

1. 对生活中所有美好的东西充满感激之情

研究表明，当面对疾病或充满压力的环境时，用积极态度思考的人更能应付自如。走过每天的日子，对每个给过你帮助的和爱你的人——包括家人、朋友、孩子和老师、商店店员——都心存感谢。每天晚上上床时，至少想一件白天发生的好事，即使是很小的事，比如，上班没有迟到；收到孩子画的一张卡片。

2. 沉默是金

如果你不能很好地表达自己的想法，那么最好什么也别说。讽刺、挖苦和指责别人不仅对你毫无益处，而且也会破坏你内心的平静。

3. 自我调节

大多数妇女的头脑中都充斥着至少半打要做的事情，你的身心不堪重负时，悲伤、焦虑、恐惧，甚至犯罪感便会随之而来。调节，就是把你从嘈杂的思维中解放出来，帮助你消除那些忧虑。找一个安静的角落，摆一个舒服的坐姿或卧姿，把思想集中于你的呼吸。一旦私心杂念闯进来，尽量让它们飘走，重新回到呼吸上来。调节的时间有多长，或者是否能成功地摒除杂念都无关紧要，重要的是你要每天坚持做几分钟。

4. 学会正确地呼吸

大多数人的呼吸都既短且浅。更深、更慢、更有规律地吸气和呼气，能帮助你控制恐慌感，改善情绪和记忆力，使你的肌肉不会因焦虑而变得紧张。

5. 接近自然

心情不好的时候，去买束鲜花或盆栽植物，或者到公园去转转，呼吸一下大自然的气息。

6. 读一本温柔体贴的书聊以自慰

读一本诗集，或一本关于女性生活的传记，看看她们是怎样使生活变得更好的。

7. 拒绝"新闻"

一些地方小报的内容，常常涉及谋杀、强奸、抢劫等，能增添你的忧虑和愤怒。打破每天读小报的习惯，了解世界固然重要，但你有权选择需要了解的事。

8. 顺其自然

总是坚持让孩子做你想要他做的事，是导致你不快乐的重要原因。你的职责是保护和教导他们，除此之外，让你的孩子展开他的翅膀吧！

9. 大胆假设

你想在工作中感觉更胜任，或者更爱你的丈夫吗？就这样认为吧！也这样去做吧！令你吃惊的是，改变你的想法和做法，真的会改变你的感觉。

10. 原谅别人

对有些人来说这很难，但如果你能把握住复杂的感情，你会得到内心的平静。愤怒、憎恨、失望的感觉会彻底毁了你。重复说："我原谅你。"被原谅的人不必出现，甚至不必知道你的原谅，原谅是你送给自己的礼物，是为了得到心灵的安静。

11. 无私地帮助别人

做一个志愿者——家庭护理、医院看护、为无家可归的人提供住处等。不要期望得到任何回报。

12. 欣赏艺术品

参观博物馆、画廊；学习素描或水彩画；选修诗歌课。

13. 找乐

看喜剧、逗孩子笑、讲笑话。

14. 更明智地进食

有些人总是狼吞虎咽或者饮酒作乐，以弥补内心的空虚或麻痹感情的痛楚，这毫无用处。请把每天的时间用在寻找爱和给予爱上。更慢、更绅士地吃东西，你会把饮食变得更像是一种享受。

第四章

改善情绪：
别让情绪影响我们的成功

改善自己的情绪，对于我们的成功大有裨益。好的情绪可以让我们全神贯注，一心一意地把事情做好，对于困难能够笑着面对，对于挫折能够笑着接受，从而调整前进的方向，达到最后的成功。

成功的人找方法

有这样一则小故事,说的是有家做鞋子的公司,派了两位推销员到非洲去做市场调查,看看当地的居民有没有这方面的需求。不久,这两位推销员都将报告呈给总公司。其中一位说:"不行啊,这里根本就没有市场,因为这里的人根本不穿鞋子。"而另一位则说:"太棒啦,这里的市场大得很,因为居民多半还没有鞋子穿,只要我们能够刺激他们想要的需求,那么发展的潜力真是无可限量啊!"

同样一个事实,但有完全不同的见解,因为前者是一个消极心态的人,而后者是一个积极心态的人。

古语云:"你若不想做,会找到一个借口;你若想做,会找到一个方法。"

有些时候,面对阻碍、困难或是挑战,首要调适的是自己的心情,问问自己:我用什么样的眼光去看待这个困难?我将要用什么样的态度去迎接困难?

成功的人是一个具有积极心态的人。

走在大街上,你会看到很多具有消极心态的人,他们情绪沮丧,步履缓慢,两眼无神;他们悲观、失望。具有积极心态的人则不然,他们乐观、自信,虽然挫折不断,但他们不为之所困,依然坚持不懈,直至成功。

消极心态是这样的一些人:愤世嫉俗,认为人性丑恶,与人不和;没有目标,缺乏动力,不思进取;缺乏恒心,经常为自己寻找借口和合理化的理由,逃避工作;心存侥幸,不愿付出;固执己见,不能宽容人;自卑懦弱,无所事事;自高自大,清高虚荣，不守信用，等等。

积极心态是这样的一些人：他们有必胜的信念；善于称赞别人；乐于助人，具有奉献精神；微笑常在，乐观自信；能得到别人的重视。

引起个人情绪的事件本身是中性的，无任何好事和坏事之分，但经由个人对事件的诠释而产生的评价，才决定了当事人对此事件的认知与感受。

面对一个阻碍或是挫折亦然，如果把这阻碍比喻为一面墙，我们带着什么样的眼光去看待这面墙？我们如何去面对这面墙？

如果你认为这面墙你只要花些力气就能跨越，那它就是一个挑战，你会开始想一些方法试着跨越，如助跑、撑竿、找帮助你的工具等。

如果你认为这面墙不应该在此出现而有所埋怨，那么它就是个刁难，令心中产生千百个不愿意、不甘愿，则跨过去的可能性就相对低了很多……

如果你认定这面墙你跨不过去，那它就成为你的阻碍……

想到挑战，则跨过去的方法有很多种；想到刁难，想到阻碍和不可能，也许你连打算跨过去的想法都没有了，于是只能够告诉自己有千百种不可能的理由，然后望墙兴叹……

一个被消极心态困扰的人，纵然嘴中可能时常念叨成功，但就是不能成功，因为他们不愿付诸行动，也不知怎么行动，他们没有目标。

消极的心态深藏在他们的潜意识里，这直接影响了他们的成功。虽然他们想去克服，但又下不了决心去克服，于是他们的生命里就永远不由自主地呈现这种状态。

意念决定行为，行为决定你的结果。想要成功吗？记得先检视看看自己的意念，清查你的消极心态，是如何看待你自己的成功之路,切记:你希望得到哪一种结果,取决于你用什么样的态度来面对。

情绪决定胜负

从一方大将到过河卒子,从老板到员工,从战场、情场到职场,情绪——决定胜负。

历史上著名的"楚汉相争"其实就是一场驾驭情绪的战争。情绪智力高的张良、韩信等人,辅佐情绪智力高的刘邦,打败项羽。刘邦常被视为"弱势赢家"的典范,比起项羽的强大军力,刘邦的确处在弱势,但就情绪管理能力,项羽却无法比得上刘邦。

有一次,刘邦被项羽围困,他的大将韩信攻下齐国后,派使者捎信,要求刘邦命他代理齐王(假王),安定局势。

刘邦大怒,骂道:"我受困在这里,等你来救,你却想自立为王。"张良、陈平急忙暗踩刘邦的脚,咬耳朵,刘邦顿悟,继续破口大骂,骂的却是:"大丈夫平定诸侯后,就是真王了,当什么假王?"

于是,派张良带着印信,封韩信为齐王,同时征调韩信的部队攻击项羽。

1.忍住受辱的情绪

刘邦的父亲被项羽捉去当人质,放在砧板上,要挟刘邦投降,否则要烹煮刘父来吃。刘邦忍住悲伤与愤怒,反而故作轻松地说:"别忘了分我一杯羹。"

自己的父亲受到如此羞辱折磨,自己的部将急于据地为王,刘邦内心之激愤不言可喻。但他能忍得住愤怒,这样的功夫，实在是难得。此中的奥妙，苏东坡如是说：刘邦之所以获胜，项羽之所以失败，完全就在于一个能忍耐、一个不能忍耐罢了。

2.先处理心情，再处理事情

刘邦如此，麾下谋臣勇将情绪管理的功力更是深不可测。

圯上老人故意把鞋甩到桥下，要张良捡起来再帮他穿上。无比巨大的侮辱，张良办到了，没有气愤，没有怨言。老人认为孺子可教，要张良5天后再来。张良晚到，被圯上老人斥责，没有气愤，没有怨言，下次更早。连续折腾到第三次，张良不到半夜就去了。老人很高兴，送他一部《太公兵法》。张良如获至宝，受益良多。

张良年少时血气方刚，凭个人的力量，冒险狙击秦始皇，不能深谋远虑，只想用荆轲、聂政那样行刺的小计谋。圯上老人为他惋惜，因此，老人故意摆出高姿态，考验张良，确定张良能够忍耐刁难，证明张良已经成熟了，才传授兵书，托他平定天下。

也就是说，圯上老人很清楚一件事：先处理心情，再处理事情。

他也必须确定一件事：张良是不是可以先处理他的心情，再处理他的事情。

小小的考验证明，张良不但成熟了，展现了一流的情绪管理功夫，日后还为刘邦谋划操盘，在"假王事件"中提示刘邦隐忍求全。

而用兵所向无敌的韩信，在出道前还能忍住胯下之辱，可以看出其人情绪管理能力之高。

这就是孟子所讲："天将降大任于斯人也，必先苦其心志，劳其筋骨，饿其体肤，空乏其身，行拂乱其所为，所以动心忍性，增益其所不能"

-51-

3. 虚荣掩盖了理性

"动心忍性"，就是我们现在讲的"情绪管理"。一项以全美前500强企业员工为抽样的调查显示，一个人的情绪管理能力对工作成就的影响是智力水平的约两倍，职位愈高，情绪管理能力的影响指数就愈高。

项羽的作战能力一流，自己的非凡成就却被情绪管理能力拖垮了。遥想当年，当项羽看到秦始皇巡游，一句"彼可取而代也"，何其雄迈潇洒，当项羽夸口"身经九十余战，所当者破，未尝败"时，何其意气风发。

然而，不过31岁，其败退至乌江，当地亭长驾船，要护送他渡江回他的江东故乡，东山再起，项羽却拒绝了，他觉得好没面子，无颜见江东父老，自刎而死。

同样为了面子，早先项羽屠灭咸阳，不可一世，本可据守关中称帝，他却想着"富贵不归故乡，如衣锦夜行"，只想回去江东。虚荣的情绪掩盖了现实的考量，以致竞逐之路多了几分曲折。

"胜败兵家事不期，包羞忍耻是男儿。江东子弟多才俊，卷土重来未可知。"唐代诗人杜牧在这首《题乌江亭》诗中，为项羽过早放弃而惋惜。"包羞忍耻"才是真正的英雄男子汉。然而项羽不肯放下身段而自刎，"天之亡我，非战之罪"一方面是遁词，一方面更强化了他情绪管理能力的匮乏，怨天尤人的性格。

4. 维持正向的情绪

情绪管理不好，即使其他条件再好，也不是大将之才。《孙子兵法》说，将领有五项最危险的事，其中"忿速可侮"的"忿"是易怒，"速"是易躁。性子暴躁的人，受不了侮辱，容易被刺激而怒发冲冠，坏了大事。

在几项常见的情绪管理方法里，包括觉察自己真实的情绪、以更大的弹性适应环境、增加自身的挫折容忍力等等，项羽付诸阙如，可惜了。

我们每天都会面对各种纷杂、多变而不定的情绪，唯有保持正向人格特质，以觉察、调节代替压抑、否定和放纵，才可成为情绪的主人。

情绪管理不善，生涯管理、人际管理、时间管理、危机管理再强都是假的。

楚汉相争，就是历史给我们最好的注释。

成功的情绪障碍

成功带给人财富、荣耀和幸福。任何人都向往成功，但有些人在漫漫长夜中苦苦追寻成功的真谛却未果，是客观条件不具备还是……

世界科学领域本应该拥有更多牛顿、爱迪生、爱因斯坦等伟人；世界文坛本应拥有更多托尔斯泰、巴尔扎克和狄更斯等世界著名作家；哲学、艺术领域本也应拥有更多马克思、莎士比亚和弗洛伊德等名人。

然而，许许多多本来能够为人类作出贡献的人才被埋没了。被什么东西埋没的？被自己，被自己非正常的心理情绪。例如，自卑、孤僻、心胸狭隘、兴趣索然、情感脆弱以及优柔寡断等。正是不能够控制这些消极情绪，使他们错过了能够卓尔不群的机会，甚至有的一辈子与成功无缘，一辈子只是望洋兴叹。

1. 自卑

因为自卑，他们就没有勇气选择奋斗的目标；因为自卑，在事业上就不能奋起直追，出人头地，他们总是走在别人的后头；因为自卑，就失去了战胜困难的勇气，得过且过，随波逐流，最后消失在茫茫人海里，杳无音信。

如果你的生命里只剩下一个柠檬，自卑的人会说，我完了，连一点机会也没有了，然后，就开始抱怨这个世界，让自己沉浸在自怨自艾之中，渴望别人能给自己恩惠。但自信的人却不这样，他会从这个不幸的事件中接受教训，学习改善困境，尝试将这个柠檬做成柠檬汁。毋庸置疑，自卑就是自我埋没，自我葬送，自我扼杀。

2. 孤僻

孤僻并非是一件坏事，但问题的关键是，一些孤僻的人会封闭自我，隔绝自己与外界的联系。他们不愿与外界沟通，更不愿与别人交往，他们以自我为中心，从未想去关心别人和帮助别人。最后，在孤僻中产生一系列心理问题，如恐惧症、焦虑症等，并与这些心理疾病为伍，越来越远离奋斗、成功。不过，一些严重的孤僻者，甚至一辈子也不曾梦见成功，成功对他们来说只是另一个世界的事。

3. 心胸狭隘

心胸狭隘的人总是用阴暗的眼光去看待社会。他们总认为，世界除了他以外，几乎没有一个好人。于是，他们总会斤斤计较，患得患失，总是怀疑别人有什么不可告人的目的和动机。心胸狭隘的人也是目光短浅的人，他们不会有远大的抱负，他们重视眼前利益，看不到成功的未来。他们中的大多数都是过一天算一天，只要快活就行。心胸狭隘的人很少去帮助别人，当然就很难获得别人的支持。没错，这样的人怎能成功呢？不能，永远不能。

4. 兴趣索然

兴趣是人生最好的老师，兴趣是动力之源，兴趣是获得一切知识的法宝。然而，有的人终其一生也没有什么兴趣爱好，有的话，也只是打打麻将，抽抽烟。可那不是人生积极的兴趣爱好。很多人都想成功，做梦都想成功，但就是不努力，不去行动。他们没有任何特长，除了对吃喝玩乐有兴趣外，对其他任何事都没兴趣，却又常幻想成功，会某月某日一举成名。最后，什么都不会发生。兴趣索然是成功的大敌，可以把一个人葬送在无情的岁月长河里，最后消失在地球上。兴趣索然的人很容易导致精神崩溃，因为他们没有信念，没有志向，没有精神支柱，面对一点点挫折就会难以忍受，就会摇尾乞怜，成功对这样的人来说只会是一句笑话，天大的笑话。

5. 优柔寡断

优柔寡断的人，一定是一个情感脆弱的人，是一个缺乏毅力的人，也是一个抓不住机会的人。当困难降临时，优柔寡断的人就会说撤吧，再不撤就来不及了；当机遇来临时，优柔寡断的人会说等等看吧，再等等看吧。然而，当他决定时，成功的机遇早跑得无影无踪。成功对优柔寡断者来说永远是可望而不可及的东西，他们能看到希望，但他们得不到希望的果实。最终，他们只能是一个失败者，一个平庸的人。

人人渴望成功，成功给每个人的机会是平等的。但有的人成功了，有的人没有成功，输在哪里？输在他自身，输在他不能驾驭自己的情绪。

因此，想成功，就要努力克服自身的心理障碍，只有这样，才有成功的希望。

保持成功者的心态

有这样一句名言：要有自信，然后全力以赴——假如具有这种思想，任何困难十之八九都能解决。

的确，人们在遇到拦路虎的时候往往表现得十分脆弱，一件事情还没开始去做便已先考虑失败的结果，当然会在精神上增加不必要的负担，导致内在潜能得不到充分的调动与发挥，从而在困难面前畏首畏尾，甚至造成自我封闭、自我压抑，最后导致心理失衡，给事情带来真正失败的结果。

要避免与摆脱这种心理上的失衡，就必须时时表现出一种强者的风范，敢于面对困难与挫折，并始终怀着必胜的信念去克服、战胜困难，坚定不移地朝着成功的目标迈进。因此，有意识地培养自己的"强者"意识，是度过心理危机的良方。

强者对待事物，不看消极的一面，只取积极的一面。如果摔了一跤，把手摔出血了，他会想：多亏没把胳膊摔断；如果遭了车祸，撞折了一条腿，他会想：大难不死必有后福。强者把每一天都当作新生命的诞生而充满希望，尽管这一天有许多麻烦事等着他；强者又把每一天都当作生命的最后一天来倍加珍惜。

有时候，我们可以有意识地造成一种"自我成就感"，从而逐渐在心理上形成一种能抑制自卑情绪产生的良性循环机制。如果你做了一件自己十分满意的事，你不妨告诉自己，今天我干得真不错。这样，你就自己褒奖了自己，使自己拥有一种满足感，从而充满自信，更加坚定地去面对和迎接一切新的挑战。

世界著名博士贝尔曾经说过这么一段至理名言："想着成功，

看看成功，心中便有一股力量催促你迈向期望的目标，当水到渠成的时候，你就可以支配环境了。"的确，假如能反复想着成功，你自然会全力以赴，直到成功为止。

有一位学者在路过一座山的时候，看见山上有很多人在艰苦地雕凿各种石条，于是他好奇地问了两个人同样的话题："你们这么辛苦地劳动，是为了什么？"

其中一个回答说："为了赚钱呗。"而另外一个则回答说："我们准备盖一座本地最好的房子。"

显然，前一个人是为钱而工作，而后一个人是为事业而工作。

同一个问题，不同的回答，反映了两种不同的心态，不同的人生哲理，因而由此也决定了他们今后不同的人生道路，不同的人生结局。

一个人的能力深受自信心的影响。能力并不是固有的，能力发挥到何种程度有极大的弹性，能力感强的人跌倒了能很快爬起来，遇事总是着眼于如何处理、解决，而不是一味担忧、等待。

积极的心态创造人生，消极的心态消耗人生。积极的心态是成功的起点，是生命的阳光和雨露，让人的心灵成为一只翱翔的雄鹰。消极的心态是失败的源泉，是生命的慢性杀手，使人受制于自我设置的各种阴影。选择了积极的心态，就等于选择了成功的希望；选择消极的心态，就注定要走入失败的沼泽。如果你想成功，想把美梦变成现实，就必须摒弃这种扼杀你的潜能、摧毁你希望的消极心态。

三种特别模式的心态会造成人们的无力感，最终毁其一生。它们是：

1. 永远长存

即把短暂的困难看作永远挥之不去的怪物，这是在时间上把困难无限延长，从而使自己束缚于消极的心态不能自拔。

2. 无所不在

即因为某方面的失败,从而相信在其他方面也会失败。这是在空间方面把困难无限扩大,从而使自己笼罩在失败的阴影里看不到光明。

3. 问题在我

即认为自己能力不足,一味地打击自己,使自己无法振作。这里的"问题在我",不是勇于承担责任的代名词,而是在能力方面一味地贬损自己,削弱自己的斗志。

如果有这样的情形出现,我们就要从这种消极的心态阴影下摆脱出来。

获得一个良好的心理状态,寻求心理上的平衡,很重要的一点就是要始终保持一个成功者的积极心态,设定自己是个成功人士,这样,你就会发挥出极大的热情和自信去面对前进道路上遇到的种种艰难险阻。虽然你还未成功,但这种自我造就的心理成就感会促使你朝着成功的目标迈进。

不要走入"自我失败"的思维模式

一天晚上,在漆黑偏僻的公路上,一个年轻人的汽车轮胎爆炸了!年轻人下来翻遍了工具箱也没有找到千斤顶。怎么办?这条路一时之间也不会有车子经过,他远远望见一座亮灯的房子,决定去那户人家借千斤顶。在路上,年轻人不停地在想:

"要是没有人来开门怎么办?"

"要是没有千斤顶怎么办?"

"要是那家伙有千斤顶,却不肯借给我,那该怎么办?"

……

顺着这种思路想下去，他越想越生气，当走到那间房子前，敲开门，主人刚出来，他冲着人家劈头就是一句："他妈的，你那千斤顶有什么稀罕的？"

弄得主人丈二和尚摸不着头脑，以为来的是个神经病人，"砰"地一声就把门给关上了。

在这么一段路上，年轻人走进了一种常见的"自我失败"的思维模式中去，经过不停地否定，他实际上已经对借到千斤顶失去了信心，认为肯定借不到了，及至到了人家门口，他就情不自禁地破口大骂了。

在我们平时的生活中，也有许多人会对自己做出一系列不利的推想，结果就真的把自己置于不利的境地。

在做一件事前，你是否常在心中对自己说可能不行吧，万一怎么样怎么样。结果是你可能还没去做就已经没有信心了，事情十有八九就会朝着你设想的不利方向发展。

对于盲目滋生出来的不良情绪，需要借助理智来消解。

比如，有人当众给你提了许多意见，正确的方法应该是理智地分析一下，别人为什么会给你提意见。是有意让你难堪，还是真诚地关心帮助你？所提的意见是否有道理？通过理智的分析，问题就明了了，气愤的心情就会自然而然地平息下来。

别把机会看成问题

有一位画家，在大庭广众之下作画，当他快完成时，旁边有一个小孩不小心推倒了染料，沾染了整张画。这位画家沉思良久，运用智慧，耐心地把那些污染点改画成美丽的花朵，参展结果居然夺魁。裁判们一致的评语如下：因为那些花朵才得奖。

-59-

在我们的生命历程中，不也经常遭遇到像那位画家一样的麻烦或困境吗？静静地想一想！我们用什么样的心态去处理呢？把画撕掉或怒责那个小孩，还是自认倒霉，重新再画一张？

还是……总而言之，逃避问题，只会被问题所吞噬。

我们都知道，危机或问题的内部，时常隐藏着成功的契机，只待我们用智慧去挖掘。

我们比较容易会用顺境的梯子往上爬，却忽视借用逆境的助力向上升。

鸟类和飞机要往上飞高，必定要借逆风的助力才办得到，而不是顺风。

没错！鼓励和赞美的话语，常是我们进步的原动力。如果我们也能把指责和批评的言语化成刺激进步的养分，那我们的人生将处处开满美丽的花朵，并时时结出甜美的果实。

坦白地说：花草树木就常从人类的恶臭（粪便）中吸取能使它开出鲜艳花朵及结出甜美果实的养分。

世上很多丰功伟业，都是从问题、危机、苦难甚至绝望中孕育出来的。

所以我们不应该把机会看成是问题，反而应该把问题看成是机会。

第五章

善用情绪：
让你的情绪可以影响他人

　　情绪影响力就是一个人所拥有的可以影响他人行为的情绪智力。情绪影响力就像是重力，无法直接看到，但是它的影响效果可以感觉到，具有强大的感染力。每个人其实都拥有可以影响他人的力量，无论那些情绪力量是好是坏。

传染微笑而消除敌意

一位朋友有着这样一天的经历：

那天，我站在一个珠宝店的柜台前，把一个装着几本书的包放在旁边。在我挑选珠宝时，一个衣着讲究、仪表堂堂的男士也过来看珠宝，我礼貌地把我的包移开。但这个人却愤怒地瞪着我，告诉我他是个正人君子，绝对无意偷我的包裹，并觉得受到了侮辱，忿忿地走出了珠宝店。

"哼，神经病。"莫名其妙地被人这么嚷了一通，我也很生气，也没心思看珠宝了，出门开车回家。

马路上的车像一条巨大而蠢笨的毛毛虫，缓慢地蠕动。看着前后左右的车我就生气：哪来这么多车？哪来这么多臭司机？简直就不会开车！那家伙开这么快不要命了？这家伙开这么慢怎么学的车！真该扣他们教练奖金……

后来我与一辆大型卡车同时到达一个交叉路口，我想："这家伙仗着他的车大，一定会冲过去。"当我下意识地准备减速让行时，卡车却先慢了下来，司机将头伸出窗外，向我招招手，示意我先过去，脸上挂着一个开朗、愉快的微笑。在我将车子开过路口时，满腔的不愉快突然全部无影无踪。

珠宝店中的男士不知道从哪里接受了愤怒，又把这种坏情绪传染给我，带上这种情绪，我眼中的世界都充满了敌意，觉得随之而来的每件事、每个人都在和我作对，直到看到卡车司机灿烂的笑容，他用好心情消除了我的敌意，使我有了快乐的心情，才听到了鸟儿的歌唱。

别人冲你生气，是因为他有气，而不完全是你的错。如果人人都能传染微笑而消除敌意，世界该有多美好。

一位公交车司机因和爱人闹矛盾，近段时间心里一直窝着火。这天的车开得慢了点，坐在前排的一个乘客嚷起来，司机不理，后排的几个人也开始嚷起来，不是嫌车晚点，就是嫌车开得不稳。司机阴着脸一言不发，车就要转弯了，他猛然加快速度，使后座的几个乘客从座位上摔了下来……

类似"情绪传染"造成的不快，我们或多或少都经历过。人不仅易传染上由细菌病毒所引起的疾病，也会染上"情绪病"，如沮丧、不快、悲痛等。心理学专家发现，不管是怎样的一个乐天派，当他整天与一些愁眉苦脸的人在一起，也会染上坏情绪。这种情绪传染最易发生在家人之间，如父母、配偶、子女、兄妹等，并且越是具有同情心的人，染上"情绪病"的概率会更高！

紧张的工作压力，繁忙的生活节奏使都市人的精神承载力变得十分脆弱，所以常会有人感到"最近比较烦"，如果这人不懂得控制调整，任自己不好的心情传播扩散，轻者搞得家庭气氛沉闷、争吵不休，重者可使他周围的小环境受到影响，其身边的每个人都觉得别扭窝火。

有位姓王的太太听她的同事介绍，中山路一家鞋店服务态度特好，于是在周末特地前往该店买鞋，但没想到她竟受到了冷待，因而心里很不是滋味，有一种受骗的感觉。

上班的时候，王太太把自己的遭遇告诉了她同事，同事向她表示一定去找店主讨个说法。

王太太的同事去找店主的时候，不是向其转告王太太的牢骚与不满，而是灵机一变，转而告诉店主说，王太太对其优质服务十分满意，深表感谢，弄得店主乐呵呵的，忙说："哪里？哪里？"

过了几天，王太太再去该店时，看到该店竟十分红火，店员一个个忙得不可开交，但每个人的服务态度特好，王太太自然也受到了不同以往的优质服务。

从此,王太太像换了个人似的,心情特好,一天到晚满脸红光,见到谁都点头微笑,仿佛要把内心的快乐与友善传递给身边的每一个人,工作效率也大大提高,家庭关系更加和睦了。

王太太也许没想到,由于她情绪的变好,不仅极大地改变了她自己,同时也影响了她周围一圈又一圈的人,使一大批人沐浴在有如春天阳光般的温暖之中,尽情地感受生活的乐趣,人间真爱。

这就是广为流传的"王太太效应"。

心理专家提醒,在越来越拥挤和狭窄的都市空间里,人们有了不愉快的事情时,不应表现得太直接外露,以免感染别人的好心情;尤其是当别人的情绪影响到自己时,更不要充当"二传手"将坏情绪传染给其他人。情绪不良时,应及时进行调节。预防"情绪病",可多交些开朗幽默的朋友,尽量避开那些与你不太相干的有不良情绪的人。最后,还应储存快乐,比如,可多看看漫画、笑话,同时珍藏生活中的快乐,情绪不良时不妨回味一下。

在生活中还有这么一种人,总想让别人的喜怒哀乐能与自己"同步"。当他们心情愉快时,希望周围的人也跟着自己高兴;当他们心情不好时,别人也不能流露出一点欢乐。否则,轻者耿耿于怀,重者便寻衅以"制服"对方。这种情绪上以自我为中心的做法是非常要不得的,因为它会严重破坏和谐的社会及家庭环境并造成许多不良后果。

有的人在单位里遇到不顺心的事之后,回到家便看谁都不顺眼。甭管是大人还是孩子,谁高兴一点都不行,哪怕是多看他一眼,也会引来一顿臭骂。有的家庭因此而屡屡爆发"战争",常被笼罩在沉闷的气氛之中。

有的人自己心情不好时,也不允许单位里其他同事说笑或进行正常的娱乐活动,并会不时地干涉别人、扰乱别人,破坏周围欢乐的气氛。时间久了,他会因不受欢迎而成为孤家寡人,陷入孤立的状态之中。上述性格特征往往是一种心理变态的征兆,若任其发展,对人的心理健康十分不利。其实,当你高兴时,别人不一定都有高兴的事;而当你心情很坏时,别人兴许心境极佳呢。所以,总想让别人的情绪围着自己"转",是不现实的。若是一个人高兴,全天下的人都眉开眼笑;而一个人悲伤,所有人心情都低沉,这岂不是太滑稽了吗?

有上述心态的朋友应该提高自身的修养水平,培养宽宏大度的气度,克服以自我为中心的思想。不论在单位里,在社会上,还是在家中,都应该有群体观念,不能因为自己心境差,就不许别人欢乐,也不应因为自己兴奋或得意而苛求别人也高兴。其实,周围欢乐的气氛正能帮助自己冲淡不良情绪,大家共同营造祥和的环境,会让每个人都感受到温馨,何乐而不为?

愿你做个欢乐的使者,千万别做"传染"不良情绪的人。

情绪传染

"情绪化"是做上司的大忌,当你心情不好时,你的工作效率和判断能力都会大打折扣。而且,会不自觉地板起面孔,让看见你的人都感到不愉快,而身为你的下属,自然更想退避三舍。

假如你的情绪低落只是偶然才会发生,那尚有被救的余地,但假如你经常如此,你的下属会愈来愈远离你,所谓"众叛亲离",往往也由此而起。须知无故发脾气,会令你身为上司的形象大打折扣。

情绪不佳更容易令你失去控制。虽然你知道当众指责下属是不明智、不应该的行为，但恰巧你心情恶劣，下属的愚笨又添加你的麻烦，在这种情况下你便容易犯错。被当众辱骂的下属不会因此改过，但周围的人却会因此而鄙视你。

要做个受下属欢迎的上司有很多条件，但第一步要做到的便是经常保持愉快、平衡的情绪。情绪是有传染性的，情绪越积极健康，便越能激励下属。

有人认为情绪不稳是天生的，无法改变。其实不然。

首先你要了解自己是否情绪化，然后才能面对问题，学习改变自己的情绪。

通过自我催眠，可以将人灰暗的情绪变为积极、愉快的情绪。有位做保险经纪人的朋友，她无论晴天雨天，被接受或被拒绝，生意好或生意差，都能永远保持愉快的笑容，奋勇向前的斗志。原来她有个法宝，每天早上出门时，都面对镜子称赞自己一番。例如，"你今天好棒啊！""你多么漂亮！""我担保你今天一定成功！""今天有好运气！"……然后才兴致勃勃地外出。

在特别疲劳的日子，她更刻意打扮，更不忘在出门前把公文包内无用的东西拿去，尽量减轻负荷。她很快便由一个普通代理人晋升为主管了。

可见自我催眠效力之大。

一个成功的主管，往往也是个善于自我控制的人。人生有起有伏，我们不要随波逐流，让周围的环境控制自己。假如一大清早，你出门时便感到精神萎靡，那便是一个极危险的信号了，你随时有可能被下属指为"一个情绪化的上司"。

你应该立即折回房内，对镜子自我催眠，转移情绪，然后，乘坐更舒适的交通工具上班；例如，平日你乘地铁，今天不妨乘出租车，总之尽量让自己感到舒适，减轻压力。

回到办公室,假如你觉得自己仍摆脱不了低落的情绪,最好暂时尽量避免做督导的工作,因为这时候你未必能传播健康的情绪及信息。你应该选择一些独自处理的工作,例如,文件上的工作,让完成工作的满足推动你回复健康的情绪。

情绪是可以改变的,全在你的信念。

慈悲的藤条

参加一位老师的退休餐宴,前来表达祝福的都是他三十多年教职生涯的学生。热闹中一位小平头的中年人举手要大家安静,说是要送老师一份礼物,只见他从身后捧出一个包装精美的长木盒,在众人的期待中打开。

"天哪!老师的藤条!"所有的人一齐大声惊呼。

几十年前,藤条是教育权威的象征。人们眼中再顽劣的小孩,总还是会在如雨落下的藤条声中求饶改过。年轻时的老师从不轻易使出这招,直到一个学生犯下滔天大祸,濒临开除边缘。

"老师下手不重,我就是跪着不认错,"中年人回忆着,"没想到老师突然叹口气说'没教好你,实在也是我的过错',然后每打我一下,就用藤条重重地打他自己大腿一下!"

师生的僵局在此起彼落的藤条声中,让目睹的全班同学都愣在那里,到啜泣声四起。老师打了自己四五十下,跪着的同学终于忍不住一把抱住请老师住手,哭着表达悔意。学生赤红的掌心,老师瘀紫的大腿和一根打裂的藤条,终于唤回一个孩子悔改的真心。

"处罚,其实是为了给孩子一个参考的界线,因为人生确实是一失足成千古恨的。"满头白发的老师,温暖的语气如初,

"但再严厉的处罚,都不能离开慈悲的动机。真正的慈悲,没有愤怒只有爱,孩子们会懂得的。"

哽咽无语的这位中年人,向老师深深鞠躬:"我要谢谢老师当年把我打醒……"

可以想象当年的那个小孩,决定偷偷收藏这根藤条时,他就已经清醒了。

一根慈悲的藤条,穿越了疼痛,成为孩子回忆中永恒的支柱。

给人一个台阶

那天闲逛商店,看见一位顾客来退西装。售货员发现西装有洗过的痕迹,但她没有揭穿,而是给顾客寻求了一条免于难堪的退路。她说:"可能您家人不小心搞错了,把这西装送去洗了。我也有类似的情况,有一次,我外出时洗衣店的人来了,我丈夫稀里糊涂地把一大堆衣服让人抱走了。和您一样,不是吗?您看,您的衣服上面有洗过的痕迹。"顾客听了无话可说,大概心里倒有些感激这位售货员。

这位售货员的心是善良的,因为她懂得给人一个台阶。金无足赤,人无完人。在生活中,谁都可能有错误和失误,谁也有可能陷入尴尬的境地。

给人一个台阶,是为人处世应遵循的原则之一。英国诗人华兹华斯说过:"正义之神,宽容是我们最完美的所作所为。"给人一个台阶,正是宽容的一种体现。

给人一个台阶,最能显示出一个人的良好修养。只有襟怀坦荡、关心他人的人,才会时刻牢记给人一个台阶。在受到伤害时,许多人都会与对方针锋相对地吵闹一番,结果使双方都十分难堪。而美国总统林肯发火的时候,却尽情地写信发泄,等花了很多时间把信写好后,自然就心平气和了,就能理智地处理问题。虽然宽容并不意味着一味忍让,但学会最大限度地宽容,却能避免许多尴尬。

给人一个台阶,往往会赢得友谊,得到信赖。富兰克林少年时十分狂傲,凡是与他意见不同的人,都要遭到他的侮辱。后来,他及时改变了乖僻、好辩的性格,不再给人难堪,而是坦然接受反驳他的所有正确言论。在与人交谈时,他也和气了许多。这种转变,使他结交了很多朋友,最终成为易于掌握公众言论的政治家。的确,给人一个台阶,往往是拥有朋友的开始,也是自己成功的开始。

人是很容易被感动的

20世纪30年代,一位犹太传教士每天早晨总是按时到一条乡间土路上散步,无论见到任何人都热情地道一句"早安"。

其中,有一个叫米勒的年轻农民,对传教士这声问候,起初反应冷漠,在当时,当地的居民对传教士和犹太人的态度是很不友好的。然而,年轻人的冷漠未曾改变传教士的热情,每天早上,传教士仍然给这个一脸冷漠的年轻人道一声"早安"。终于有一天,这个年轻人脱下帽子,也向传教士道了一声"早安"。

好几年过去了,纳粹党上台执政。

这一天,传教士与村中所有的人被纳粹党集中起来,送往集中营。在下火车、列队前行的时候,有一个手拿指挥棒的指挥官,在前面挥动着棒子,叫道:"左,右。"被指向左边的是死路一条,被指向右边的则还有生还的机会。

传教士的名字被这位指挥官点到了,他浑身颤抖,走上前去。当他无望地抬起头来,眼睛一下子和指挥官的眼睛相遇了。

传教士习惯地脱口而出:"早安,米勒先生。"

米勒先生虽然没有过多的表情变化,但仍禁不住还了一句问候:"早安。"声音低得只有他们两人才能听到。最后的结果是:传教士被指向了右边——成为生还者。

人是很容易被感动的,而感动一个人靠的未必都是慷慨的施舍、巨大的投入,往往一个热情的问候,温馨的微笑,也足以在人的心灵中洒下一片阳光。

不要低估了一句话、一个微笑的作用,它很可能使一个不相识的人走近你,甚至爱上你,成为你开启幸福之门的一把钥匙,成为你走上柳暗花明之境的一盏明灯。有时候,"人缘"的获得就是这样"廉价"而简单。

第六章

愤怒和焦虑：
改变他人不如改变自己

愤怒犹如火山爆发。愤怒的人会变得毫无宽恕能力，甚至不可理喻，思想尽是围绕着报复打转，根本不计任何后果。愤怒之火不但破坏了周遭环境，更重要的是毁坏了自己。因此及时地浇灭愤怒之火，是自我保全的有效手段。

什么是愤怒

愤怒是什么？我要如何保持冷静和沉着，但是在重要的时刻仍然能够有所反应？

愤怒就是你想得到某些东西，有人阻止你去得到它，从中作梗。你的整个能量想要去得到什么东西，而有人阻碍了那个能量的顺利释放，因此你无法得到你想要的东西。

这个受挫的能量转而指向了那个阻碍你的人，就变成愤怒，变成对那个破坏你去达成自己的欲望的人生气。

愤怒，你是无法避免的，因为愤怒是一种副产物，但是你能够做其他的事，好让那个副产物根本就不发生。

在生活当中再等待应该记住：永远不要欲求一样东西欲求得太强烈，好像它是事关生死。并不是说不要欲求，因为那会变成你的压抑；而是你还是去欲求，但是让那个欲求带着游戏的心情。如果你能够得到它，那很好，如果你得不到它，或许是时机不对，我们再等待下一次。

我们总是把自己的欲望看得太大，因此当它受到阻碍，我们自己的能量就变成了火山岩浆，它会烫人的，在那种几乎是疯狂的状态下，你什么事都做得出来，甚至做出将来会后悔的事。咆哮失控的岩浆，肆虐地吞噬着森林小溪，它会产生一连串的连锁反应，将你的整个人生纠缠进去。就是因为这样，所以几千年来，人们一直都在说："有容乃大，无欲则刚。"这是在要求不合乎人性的事，即使那个叫你要变得无欲的人也是在给你一个动机、一个欲望：如果你变得无欲，你就会达到最终的自由——涅槃。可那也是一种欲望。

控制自己的愤怒

当我们感到愤怒的时候，不但肌肉紧张、情绪高涨，更容易令我们起争端。若我们压抑怒气，积聚到一个极限会突然山洪暴发般乱发脾气，累及无辜；又或者因心烦意乱而导致生活上出现各种大小意外和疏忽。

愤怒在某些情况下是一种自然的反应，但并不是在每一种情况中都要如此反应。我们所处的社会是靠彼此的合作和帮助维持的，我们必须经常控制某些直觉的情感。重要的是，我们要承认别人与自己都有情绪存在，但是我们不能拿它当借口，每次有什么感觉就毫无顾虑地发泄出来。大家都知道化怨恨为祥和的重要性，但我们是否知道如何消除怒气呢？试试下面的方法吧。

首先请记着："先则口角，继而动武，混乱中有人应声倒地，送医院途中不治毙命。"这是世界上大多数命案背后的定律，所以应付怒气的第一个良方便是慎言，不要胡乱谈骂，提醒自己，反问自己说了这句话自己是否后悔，是否把事情弄坏。这时若能按着怒火，深深呼吸一口气，借这一两秒的时间冷静一下，才有机会反省自己。

另外，当其中一方恐惧不安时，他们必定会先发制人，所以在争执时，人往往是因为担心对方会制服自己而先拔出武器来做自我防卫的，结果就闹出惨剧。因此，处理怒气的另一个诫条，便是要小心注意恐惧的程序，不要让恐惧控制了你的理智和判断能力。应付恐惧最好的方法，莫过于"三十六计走为上计"，若自己已感到有点恐惧不安，便尽快离开冲突现场，以免自己会因感到牢笼困兽而付诸攻击侵略性的行径。

而对冲突场面，若我们能保持镇定，以平和自信的声调，慢慢地清楚地把自己的立场诉说出来，这样不但能够令自己保持冷静思考，谨慎处理场面，维持慎言慎行的表现；更可以避免令对方感到莫名恐惧而做出冲动的反应，令对方可以受你感染而保持冷静，双方细心分析事件始末，了解各自的立场观点，从而找出一个双方都可以接受的解决方法。这一种坚定立场的态度，绝对不是软弱逃避的方法，也不是充满挑衅性的冲突方法，它成功在于能让当事人以平静的情绪来与对方坦然讨论自己的感受、看法和与对方冷静地去面对分歧，令双方的怒气可以向下沉，避免互相激怒对方。

适当地表达你的愤怒的几个原则：

1. 你发出的言论是指行为的，而不是指某个人。换句话说，你可以批评他人的工作，但不要指责他人的才智。

2. 不要赘述过去的事，指责仅仅指向眼前的情境。

3. 永远不要涉及他人的家庭、种族、宗教、社会地位、外貌或说话方式。

4. 不要限制别人发火。当你向别人怒吼时，对方也有回敬的权力。

5. 如果你在其他人面前不公正地对一个人发了火，那么，你必须当着其他人的面向他道歉。

6. 让别人明确地知道你为什么生气。

7. 不要将事情做绝，要给自己留有余地，在你冷静下来后，可以重新考虑。如果可能的话，给对方留一条后路。假如对方主动纠正了过失或道了歉，你就不要继续发火了。

第六章 愤怒和焦虑：改变他人不如改变自己

冷静的方法

在生活中，我们几乎天天遇到这样的情况：堵车堵得厉害，交通指挥灯仍然亮着红灯，而时间很紧。有的人烦躁地看着手表的秒针。终于亮起了绿灯，可是前面的车迟迟不启动，因为开车的人思想不集中。司机愤怒地按响了喇叭，乘客们交头接耳。那个似乎在打瞌睡或是开小差的人终于惊醒了，于是，前面的车缓缓启动了。而我们呢，却在几秒里把自己置于紧张而不愉快的情绪之中。

诸如此类的例子还有：有些人感到在工作中不能胜任；有的人因为觉得不能处理好工作与家庭的关系而有压力；有的人则抱怨同别人的关系紧张等等。

事实上，我们的恼怒（烦躁）有80%是自己造成的。遇到这种情况时，请冷静下来！学会承认生活不是时时处处都那么令人满意。因为任何人都不是完美的，事情不一定都会按自己的意志进行。若想改变这一状况，则必须牢记一条黄金准则："不要让小事情牵着鼻子走。要冷静，要学会理解别人。"下面的一些方法，也许会对你有些帮助，不妨试试。

1. 学会感激

如果是因为怨恨而使情绪不稳，请别忘了提醒自己：感激。这样一来，别人会感觉到高兴，我们的自我感觉会更好。

2. 学会倾听

如果是因为别人的意见而使你情绪不稳，请别忘记提醒自己：倾听。这样不仅会使自己的生活更加有意思，而且也会令他人更喜欢。

-75-

3. 学会赏识

如果是因为看到不顺心的事而使情绪不稳,请别忘记提醒自己:赏识。每天至少对一个人说,你为什么赏识他。不要期望所有的人或事都是完美无缺或滴水不漏。只要找,总是能找到缺点的。这样找缺点,不仅会使自己,也会使别人生气。

4. 学会谦让

如果是因为感到自己的权利受到威胁而情绪不稳,请别忘记提醒自己:谦让。不要顽固地坚持自己的权利,这会花费许多没必要的精力。不要老是纠正别人。

5. 学会承担

如果是因为事情不成功而情绪不稳,请别忘记提醒自己:承担。不要让别人为自己的不顺心负责,要接受事情不成功的事实——天不会因此而塌下来。

总而言之,不要妄求完美。

如果实在抑制不住生气,这时就要问自己:一年后还会为目前这件事生气吗?生气的理由是否还那么重要呢?这样一来,会使自己对许多事情得出正确的看法。

应对别人的愤怒

1. 以静制动

石油大王洛克菲勒早年时代,曾有一青年闯入他的办公室,直趋他的写字台前,以拳头猛击台面,并大发雷霆地说:"洛克菲勒,我恨你!……"

那青年恣意谩骂,历10分钟之久。办公室里的职员听得清清楚楚,料想洛克菲勒一定会拾起墨水瓶向那人掷去。但是洛克菲勒没有这么做,他把笔搁下,神情友善平和,静静地注视着怒者,一点畏惧也没有,更没一丝不悦之色。相反,那人越火爆,他越和善。

那不速之客被弄得莫名其妙。

不久这青年便平息下来,因为愤怒如果没有反击,是不能持久的,他累了。但洛克菲勒仍不作声。那青年本想与洛克菲勒辩论一番,无奈他仍是一副满不在乎的不倒翁神态。那青年恼羞成怒,只好又拍了几下桌子,怏怏离去。

洛克菲勒继续埋头工作,像没事似的,始终不再提这事。

有时,不理睬,就是最有效的还击,从某种意义上说,就是一种智慧的力量。

一个人在为人处世中,凡事能保持镇静,不恐惧,已属不易;如果在从容中还能大度地息事宁人,那更是可贵。

2. 不生气的秘诀

古时候,有一个叫爱地巴的人,他一生气就跑回家去,然后绕自己的房子和土地跑3圈。后来,他的房子越来越大,土地也越来越多,而一生气时,他仍要绕着房子和土地跑3圈,哪怕累得气喘吁吁,汗流浃背。

孙子问:"阿公!您生气时就绕着房子和土地跑,这里面有什么秘密?"

爱地巴对孙子说:"年轻时,一和人吵架、争论、生气,我就绕着自己的房子和土地跑三圈。我边跑边想——自己的房子这么小,土地这么少,哪有时间和精力去跟别人生气呢?一想到这里,我的气就消了,也就有了更多的时间和精力来工作和学习了。"

孙子又问:"阿公!成了富人后,您为什么还要绕着房子和土地跑呢?"

爱地巴笑着说:"边跑我就边想啊——我房子这么大,土地这么多,又何必和别人计较呢?一想到这里我的气也就消了。"

3. 钉子

有一个男孩有着很坏的脾气，于是他的父亲就给了他一袋钉子叮嘱男孩发脾气的时候就钉一根钉子在后院的围篱上。

第一天，这个男孩钉下了37根钉子。慢慢地每天钉下的数量减少了。他发现控制自己的脾气要比钉下那些钉子来得容易些。

终于有一天这个男孩再也不会失去耐性乱发脾气了，他告诉他的父亲这件事，父亲告诉他，现在开始每当他能控制自己的脾气的时候，就拔出一根钉子。

一天天地过去了，最后男孩告诉他的父亲，他终于把所有钉子都拔出来了。

父亲牵着他的手来到后院说：你做得很好，我的好孩子。但是看看那些围篱上的洞，这些围篱将永远不能回复成从前。你生气的时候说的话将像这些钉子一样留下疤痕。如果你拿刀子捅别人一刀，不管你说了多少次对不起，那个伤口将永远存在。话语的伤痛就像真实的伤痛一样令人无法承受。

人与人之间常常因为一些彼此无法释怀的坚持而造成永远的伤害，如果我们都能从自己做起，宽容地看待他人，相信你一定能收到许多意想不到的结果。帮别人开启一扇窗，也就是让自己看到更完整的天空。

剥开焦虑情绪的"洋葱皮"

焦虑情绪和洋葱头的皮一样，是有不同层次的。同时，它们还有一个共同点，就像是不论哪一层洋葱皮都可以让你泪流满面一样，不论是哪种程度的焦虑，都会对你的幸福造成影响，让你很不爽。

焦虑心情：焦虑可视为没有明确对象和具体内容的恐惧。病人整天惶恐不安，提心吊胆，总感到似乎大难就要临头或危险迫在眉睫，但病人也知道实际上并不存在什么危险或威胁，却不知道为什么如此不安。

客观表现有两种，其一是运动性不安：病人闭眼向前平伸双臂可见手指对称性轻微震颤；肌肉紧张使病人感到头紧头胀，后颈部发僵不适甚至疼痛，四肢和腰背酸疼也常见；严重者坐立不安，不时做些小动作，如搔首搓手等，甚至来回走动，一刻也不能静坐。另一种客观表现是植物功能紊乱，尤其是交感功能亢进的各种症状，如口干，颜面一阵阵发红发白，出汗，心悸，呼吸急促，有窒息感，胸部发闷，食欲不振，便秘或腹泻，腹胀，尿急尿频，易昏倒等。

通常要有以上两方面的症状才能确定为焦虑症。只有焦虑心情而没有任何客观症状很可能是人格特性或常人在一定处境下出现的反应（处境性或期待性焦虑）

一般而言，焦虑可分为3大类：

其一，现实性或客观性焦虑。如爷爷渴望心爱的孙子考上大学，孙子目前正在加紧复习功课，在考试前爷爷显得非常焦急和烦躁。

其二，神经过敏性焦虑。即不仅对特殊的事物或情境发生焦虑性反应，而且对任何情况都可能发生焦虑反应。它是由心理——社会因素诱发的忧心忡忡、挫折感、失败感和自尊心的严重损伤而引起的。

其三，道德性焦虑。即由于违背社会道德标准，在社会要求和自我表现发生冲突时引起的内疚感所产生的情绪反应。有的老年人怕自己的行为不符合自我理想的标准而受到良心的谴责。如自己本来被周围人认为是一个德高望重的人，但在电车上看到歹徒围攻售票员时，由于自己势单力薄，害怕受到伤害而故意视而不见,回来后,感到自己做了不光彩的事,深感内疚,继而坐立不安,不断自责。

有3种焦虑发作形式:

1. 濒死感:发作时胸闷,气不够用,心中难受,有快断气之恐惧,有人会在急诊室大呼:"医生,快拿氧气来!"但绝不会因此死人。

2. 惊恐发作:莫名其妙地出现恐惧感,如怕黑暗、怕带毛的动物、怕锋利的刀剪、怕床下有小偷……甚至素来胆大的人也会有恐惧,但指不出害怕的对象。

3. 精神崩溃感:此时心乱如麻,六神无主,有精神失控感,担心自己会"疯掉"而恐惧焦虑,但这绝不会是精神病发作。以上3种发作形式均短暂,只历时数小时,焦虑缓解后,一切如常、风平浪静。

焦虑的成因

人们面临的焦虑,来源于自然界、社会、人的心理及认识活动,以及人格特征等方面。

1. 在工作、生活健康方面均追求完美化。稍不如意,就十分遗憾,心烦意乱,长吁短叹,老担心出问题,惶惶不可终日。须知,世间只有相对完美,并无绝对完美,世界及个体就是在不断纠正不足,追求真善美中前进的。应该"知足常乐""随遇而安",决不做追名逐利的奴隶,为自己设置精神枷锁过得太累,把生命之弦拉得太紧。

2. 没有迎接人生苦难的思想准备,总希望一帆风顺,平安一世。正如宇宙的自然规律一样,人生自始至终都充满了矛盾,绝无世外桃源。人一降临人间，就要面临生老病死苦的磨难。没有迎接苦难思想准备的人，当一遇矛盾，就会惊慌失措，怨天尤人，大有活不下去之感。"看破红尘"的出世超人，都是不深知矛盾和善于适应困境的人。

3. 意外的天灾人祸，会引起紧张、焦虑，给人以失落感或绝望感，甚至认为一切都完了，等待破产、毁灭或死亡。假如碰到意外不幸时，建议你正视现实，不低头，不信邪，昂起头，挣扎着前进，灾难是会有尽头的，忍耐下去，一定会走出暂时的困境，甚至会"山穷水尽疑无路，柳暗花明又一村"，出现"绝处逢生"的局面。有时乍看起来是件祸事，说不定又是一件好事。人生就是这样包含着"祸兮福所依，福兮祸所伏"，好与坏，幸福与不幸的辩证关系。

4. 神经质人格。这类人的心理素质不佳，对任何刺激均敏感，一触即发，对刺激做出不相应的过强反应。承受挫折的能力太低，自我防御本能过强。甚至无病呻吟，杞人忧天，他们眼中的世界无处不是陷阱，无处不充满危险，整日提心吊胆，脸红筋胀，疑神疑鬼，如此心态，怎能不焦虑？

不要让小忧虑"长大"

曾经听过这么一则故事：美国科罗拉多州有一棵树在当地很有名，因为这棵树长得很高、很壮，又有300年的历史，所以当地原住民都视它为最佳守护神。

这棵树陪着当地人历经了无数次的大灾难，包括地震、闪电及暴风雨。虽然每逢大灾难，人类死伤无数，但是这棵巨树都安然地度过了考验。最近却传出了老树已死的传闻，终结老树的不是狂风暴雨或天然灾难,而只是小小的白蚁。因为老树的根基被白蚁蛀蚀,所以现在的老树只是空架子,再也冒不出新芽来了。

没错,人生最可怕的并不是什么大灾难,反倒是一些日积月累的小麻烦。如果当初当地的居民早一点发现白蚁的话或许只要花几瓶杀虫剂的钱就可以挽救大树的生命。但是就因为发现得太晚了。

同样的,人生也是如此。有小烦恼时没有发觉,或是不想去解决它,那么这个小忧虑很可能会演变成大忧虑,让你身心俱疲,甚至还可能会赔上美好的家庭与事业。所以谈到克服忧虑,很重要的一点就是要做到开始忧虑时立刻采取行动去面对并解决这个问题。

举个例子来说明一下这样做的益处。一个人对搭飞机有很大的恐惧感,这种恐惧一直持续了很久才得到改善。他说,如果他能早一点将问题拿出来和他人分享,也许就会早一点发现,原来和他一样害怕搭飞机的人竟然有这么多!通过和他们分享搭飞机的恐惧经验,还可以一起讨论出许多化解恐惧的方法,提早这样做的话,也许就不用恐惧那么多年了。

所以说,要化解心中的忧虑,就是一有忧虑马上采取行动找人谈谈。这么做不但可以找到抒发的渠道,更有可能在讨论中发现解决问题的好方法。如果我们能实时歼灭我们心中的小白蚁,就能真正享受工作、享受生活。

向焦虑挥手

1. 要有一个良好的心态

首先要乐天知命,知足常乐。古人云:"事能知足心常惬。"

老年人对自己的一生所走过的道路要有满足感,对退休后的生活要有适应感。不要老是追悔过去,埋怨自己当初这也不该,那也不该。理智的老年人不注意过去留下的脚印,而应注重开拓现实的道路。其次是要保持心理稳定,不可大喜大悲。"笑一笑十年少,愁一愁白了头","君子坦荡荡,小人常戚戚",要心宽,凡事想得开,要使自己的主观思想不断适应客观发展的现实。不要企图让客观事物纳入自己的主观思维轨道,那不但是不可能的,而且极易诱发焦虑、抑郁、怨恨、悲伤、愤怒等消极情绪。其三是要注意"制怒",不要轻易发脾气。

2. 自我疏导

轻微焦虑的消除,主要是依靠个人,当出现焦虑时,首先要意识到自己这是焦虑心理,要正视它,不要用自认为合理的其他理由来掩饰它的存在。其次要树立起消除焦虑心理的信心,充分调动主观能动性,运用注意力转移的原理,及时消除焦虑。当你的注意力转移到新的事物上去时,心理上产生的新的体验有可能驱逐和取代焦虑心理,这是一种人们常用的方法。

3. 自我放松

如果当你感到焦虑不安时,可以运用自我意识放松的方法来进行调节,具体来说,就是有意识地在行为上表现得快活、轻松和自信。比如说,可以端坐不动,闭上双眼,然后开始向自己下达指令:"头部放松,颈部放松",直至四肢、手指、脚趾放松。运用意识的力量使自己全身放松,处在一个放松和静的状态中,随着周身的放松,焦虑心理可以慢慢得到平缓。另外还可以运用视觉放松法来消除焦虑,如闭上双眼,在脑海中创造一个优美恬静的环境,想象在大海岸边,波涛阵阵,鱼儿不断跃出水面,海鸥在天空飞翔,你光着脚丫,走在凉丝丝的海滩上,海风轻轻地拂着你的面颊……

4. 药物治疗

如果焦虑过于严重时，还可以遵照医嘱，选服一些抗焦虑的药物，如利眠宁、多虑平等，但最主要的还是要靠心理调节。也可以通过心理咨询来寻求他人的开导，以尽快恢复。如果患了比较严重的焦虑症，则应向心理学专家或有关医生进行咨询，弄清病因、病理机制，然后通过心理治疗，逐渐消除引起焦虑的内心矛盾和可能有关的因素，解除对焦虑发作所产生的恐惧心理和精神负担。

"忧虑不在有无，而在于忧虑是否合理"；如果"所忧在道"，那就可预测吉凶祸福，从而减少使人犯错的机会。这个观点，也是现代心理学所主张的。人不能无焦虑，但焦虑需要适中，过之与不及都会产生病态心理。合理的焦虑，可促使人提高警觉，努力去解决问题。

第七章

孤独和空虚：
走出无法自拔的潮湿情绪

孤独并不单纯是指独自生活，也并非意味着独来独往。一个人独处，并不一定会感到孤独；而置身于大庭广众之下，未必就没有孤独感。事实上，只要你对周围的一切缺乏了解，只要你和身外的世界无法沟通，你就会体验到孤独的滋味。孤独是快乐心情的敌人，你不战胜它，就会被它征服，陷入痛苦之中而不可自拔。所以，我们要战胜孤独。

现代人的通病

《圣经》中说:"人不应该孤独。"可是现代社会中的人们,有多少人没有感受过孤独?

孤独,这是一个灰色的字眼,好像人人都不愿意沾惹它。然而孤独又是那样的普遍。在现实生活中,任何人或多或少都会有感到孤独的时候。而对有些人来讲,孤独好像如影相随,挥之不去。孤独与孤单不同。独自一人在山林中、旷野中的体验,准确来说应叫作孤单。孤独是只有在社会生活中才能体会到的一种东西。换言之,只有在日常生活中,在工作学习中才能感受到孤独。孤独降低了人的生活质量,因为当人们说一个人"很孤独"的时候,也就是说他是"不幸"的。

孤独的成因

孤独感往往在由于客观条件造成人际交流阻碍的情况下产生。一位在宇宙飞船上工作过很长时间的宇航员曾说过,与孤独相比,太空舱生活的种种困难和不便简直算不了什么。可见,每一个经历天空生活的人都必须面临孤独的考验。

孤独产生的原因多而复杂,比如,事业上的挫折,缺乏与异性的交往,失去父母的挚爱,夫妻感情不和,周围没有朋友,等等。此外,孤独的产生,也与人的性格有关。比如,有的人情绪易变,常常大起大落,容易得罪别人,因而使自己陷入一种孤独的状态；还有的人善于算计，凡事总爱斤斤计较，考虑个人的得失太重，因此造成了人际交往的障碍。

但是，孤独并非只在形单影只时出现，在大都市熙熙攘攘的人群中，在迎来送往的热闹中，孤独仍然存在。一般说来，大致有以下几种情况可使人陷入孤独。

1. 由于有与别人不同的价值观

例如，有的人由于追求道德上的完美，对自己和别人有很高的要求，感到人和人之间的交往掺杂了太多利益方面的关系，甚至觉得世上人欲横流，因而变得愤世嫉俗、洁身自好。他们对趋炎附势、溜须拍马之辈深恶痛绝，深感人情冷漠、流俗卑污，因此远离是非之地、名利之场，生活中尽量与他人保持一定的距离。当屈原感叹"世人皆浊，唯我独清"的时候，他一定体会到了一种强烈的孤独感。

2. 由于性格特点

一些人由于自卑，与别人在一起的时候感到很不自在，担心受到别人的挖苦、嘲笑，于是就把自己封闭起来，尽量减少与别人的交往。这样做虽然维护了自己脆弱的自尊，保全了"面子"，代价却是使自己陷入了孤独的境地。还有一些人由于过分自傲而成为孤独的人。

当然，人应当自信、自尊，可是如果自信变成自夸，甚至是贬低别人、抬高自己，则埋下落得孤家寡人的祸根。生活中不乏这样的人，他们或许小有才气，因而自视甚高，什么事都不在话下，什么人都不放在眼里，整日夸夸其谈，对别人评头论足，这样时间一久难免令人生厌，大家就不愿意与这样的人交往了。

孤独还是对环境的刻意拒绝。

一般来说，孤独是一种人们不愿接受的状态，它给人们带来的是种种消极的体验，如沮丧、无助、抑郁、烦躁、自卑、绝望等，因此孤独对人体健康有很大的危害。据统计，身体健康但精神孤独的人在 10 年之中的死亡数量要比那些身体健康而合群的人死亡数多一倍。人的精神孤独所引起的死亡率与吸烟、肥胖症、高血压引起的死亡率一样高。但是这不表明孤独一定会有不良情绪，不良情绪出自孤独感。

社会心理学家认为孤独有以下 3 个特点：首先，它是由社会关系缺陷造成的；其次，它是不愉快的、苦恼的；最后，它是一种主观感觉而不是一种客观状态。

超越孤独

要超越孤独必须正确地评价自我。人的自我评价与孤独状态是互为因果关系的，自我评价低的人不敢进行正常的社交活动，他们怕遭到拒绝，从而陷入孤独。而孤独反过来又导致了更低的自我评价，因为在一个重视社会交往的现代社会里，自认为缺乏这种能力的人往往会贬低自己。所以，孤独者应对自己进行一番冷静、客观、合理的评估，特别要留意发现自身的一些长处，以增强自己的自信。心理学家发现，孤独者的一些行为，常常使他们处于一种不讨人喜欢的地位。比如，他们很少注意谈话的对方。在谈话中只注意自己，同对方谈的很少，常常突然改变话题，不善于及时填补谈话的间隙。但当这些孤独者受到一定的社交训练，如学会如何注意与对方谈话后，他们的孤独感就会大为减少。

要超越孤独，就要多想想别人，多为别人做点什么。要多想一想，你能够给别人什么帮助，你能为别人做些什么，这样才能打破你所处的尴尬局面。什么时候都不要忘记：温暖别人的火，也会温暖你自己。

要超越孤独，就要学会享受自然，走入社会。一些习惯了孤独的人，懂得充分地享受孤独提供给他的闲暇时光。生活中有许许多多充满了乐趣的活动，而孤独能使你充分领略到它们的美妙之处。

要想彻底地超越孤独，就要确立起正确的人生目标。现代人的心灵仿佛越来越脆弱了，动不动就怕被别人排斥，害怕与别人不一样，害怕在不幸的时候孤立无援，害怕自己的想法得不到别人的理解……

总之，这是一种内心的恐慌。要想从根本上克服内心的脆弱，最好给自己确立一些目标和培养某种爱好。一个懂得自己活着是为了什么的人，是不会感到寂寞的；同样，一个活着有所追求、有所爱的人，也是不怕孤独的。

你为什么会空虚

你常有种说不出来的低落情绪。

有时是你独自一人逛街时，突然感到这种情绪来犯，让你顿时对五光十色的街景失去了兴致。

有时候是跟一群人在一起，在大家天马行空之际，无端心底就浮起这种不舒服的感觉。每当这种情绪笼罩心头时，你觉得跟周围好像有层无法跨越的膈膜，感到了无生趣又有种沉沉的失落感。

你实在不了解这种情绪到底是什么。我们所经历的各种情绪中，以"空虚感"最无以名状且捉摸不定。空虚感就像是心里面的黑洞，具有莫大的吸力，一旦被卷进了黑洞，整个人也就被空虚感所束缚。

而你如何与空虚奋战呢？你甚至不知道该如何使力，这正是空虚让人束手无策的地方。常常是愈想去弄清楚或去克服这种虚无，就愈深陷其中。这就是虚的特质，就算耗尽力气对抗，终究徒劳无功。

在很多人的印象里，它往往与"寂寞""孤独"等词是通用的，但实际上它们之间是有所不同的。其中很重要的一点就是"寂寞""孤独"对于人并不总是消极的，有时甚至标志着一个人独具个性。而"空虚"却只能消磨人的斗志，侵蚀人的灵魂，使人的生命毫无价值。

空虚是什么

空虚是一种内心体验。我们常说的心灵空虚，实际上真正空虚的感觉往往只能意会，无法言传，只有空虚者自己才能真切地体验到，别人是难以体验的。所以，这使得感觉空虚的人不太容易与他人交流和沟通，如果自己再不积极努力的话，只会越来越紧地被空虚所包围。

在空虚的时候，无论外面的世界怎么的花花绿绿都感觉不到，因为此时在他心里已经有了一堵高墙。

空虚是一种消极的情绪，是一种危害健康的心理上的疾病，是指一个人没有追求，没有寄托，没有精神支柱，精神世界一片空白。空虚的心理，可来自对自我缺乏正确的认识，对自己能力过低的估计，甚至整天忧郁，思想空虚；或是因自身能力和实际处境不同步，陷入"志大才疏"或"虎落平川"的困境中，感到无奈、沮丧、空虚；或是对社会现实和人生价值存在错误的认识，以偏概全地评价某一社会现象或事物，当社会责任与个人利益发生冲突时，过分地讲求个人得失，一旦个人要求得不到满足就心怀不满，"万念俱灰"；或是因退休、下岗、失恋、工作挫折、投资失误、经济拮据等导致失落困惑感。

空虚是否有理由

时常听人说："唉，无聊啊。""这段时间该怎样打发？"……在现在的社会，不乏一群沉醉于靡靡之音、幻游于网上的"空虚青年"。

这是可笑而又现实的问题，许多人在寻找快乐，但是积极的行动产生积极的心态，快乐是自己创造的，而不是从天上掉下来的。

其实，目标、计划、行动足以使一个人永久快乐脱离空虚。

雨果说："生活好比旅行，理想是旅行的路线，失去了路线，只有停止前进。"

世界上最大的痛莫过于没有理想。一个连自己要到哪儿都不知道的人又如何会有走路的力气？每个人都应该有自己的方向和追求，就像伊斯兰教徒有自己的真主一样。人只有目标明确，才不会极度空虚备感煎熬地度日。

所以，写下目标，它是茫茫人生之海上导航的灯塔。池田大作曾说："幸福绝不是别人赐予的，而是一点一滴在自己生命之中筑造起来的。人生既有狂风暴雨，也有漫天大雪。只要在你心里的天空中，经常有一轮希望的太阳，幸福之光就会永远照耀。"拥有自己的太阳吧，它的热力给人以希冀，给人以生活的勇气和在波涛汹涌的大海上搏击的信心与热情。

每天清晨，你睁开双眼，端详着自己的理想，轻声地说："今天真好，在今天，我每一方面都会越来越好。"这样，空虚怎么会打扰你呢？它只能飘荡于虚幻的天空，去拜访另一个整天做白日梦的家伙。

有目标，很好。不过，没有计划与行动，目标也只是脑中的一种唯美。你总是远远地欣赏它，最终还是逃脱不了落入沮丧的巢穴。一个看到了金苹果树的人，要想："我想得到一个金苹果，我该做些什么呢？我应该走过去，爬上树，伸出手……"同样，盯着目标要想：我需要做什么呢？我应该做出计划，就等于向目标搭起了桥梁。

最后要做的，就是走，这是最关键的。如果你找的路是正确的，你最终会走到目标跟前。这时，它已改名叫"美好的现实"了，它是你的，你也在此过程中体验到了无穷的乐趣，无论过程还是结果都妙不可言。如果你走着走着发现路错了，可以不断地更改人生的航标，再次勇敢出发，无论如何都比原地忧伤徘徊要好。

确立目标，制订计划，付诸行动，你就会发现生活是如此快乐与充实。

挥别空虚

要对抗空虚就要看清空虚的本质——就是不存在。这时如能转移注意力做些"实质"的活动，如逛街就认真挑选衣物、聚会时就专心与人谈话，都可有效驱走空虚感。

至于常感到空虚的人，很可能是活得不踏实。有些人在生活中怀有不切实际的期望或目标，自己总是在生活中追寻些什么，而没有落实到生活本身，如此不免常虚幻不实。要挥别空虚感就要建立"务实不务虚"的生活态度。

要知道，人生在世是艰难的，是不容易的，不会总顺境的。生活在五光十色的大千世界中，不会总是一帆风顺，难免会碰到不顺心不如意的事情，遇到形形色色真真假假的问题，也就必然会有喜有忧有得有失。

人，要有点精神，要有所追求，要有精神支柱，要有一种献身精神。"外面的世界很精彩，外面的世界很无奈"，这就要求人们要面对现实，面对生活，"不以物喜，不以己悲"，无论在什么地方，做什么事情，遇到什么问题，都应该沉着冷静，保持良好的心态，实事求是地应对一切。

人老了，退休了，还可奉献余热；下岗了，再求职，作为人生拼搏的第二起点；工作受到挫折，投资失败了，要吸取教训，总结经验，审时度势，东山再起，将其视为成功的"奠基石"。总之，不要灰心，不要气馁，充实自我，战胜空虚，就一定能迎来精神和事业上的光明。

有人说，一个人的躯体好比一辆汽车，你自己便是这辆汽车的驾驶员，如果你整天无所事事，空虚无聊，没有理想，没有追求，那么，你就根本不知道驾驶的方向，就不知道这辆车要驶向何方，这辆车也就必定会熄火的，这将是一件可悲的事情。所以，对待心灵空虚必须进行心理治疗，请看以下几点建议。

1. 面对空虚，要调整目标

俗话说"治病先治本"。因为空虚的产生主要源于对理想、信仰及追求的迷失，所以树立崇高的理想、建立明确的人生目标就成为消除空虚的最有力的武器。当然，这个过程并不是一蹴而就的，但当你坚定地向着自己的人生目标努力前进时，空虚就会悄悄地离你而去。

2. 热爱生活

我们常说，生活是美好的，就看你以怎样的态度去对待它。一样的蓝天白云，一样的高山大海，你可以积极地去从中感受到大自然的美丽；或者认认真真地学点本领，帮他人做点好事，也能对自己的成功颇感得意，从他人的感谢中得到欢愉。当你用有意义的事去培养你对生活的热情，去填补你生活中的空白时，你哪还有心情和闲暇去空虚呢？

3. 提高自己的心理素质

有时候，人们生活在同一环境中，但由于心理素质不同，有人遇到一点挫折便偃旗息鼓而轻易为空虚所困扰，有人却能面对困难毫不畏缩而始终愉快充实。因此，有意识地加强自我心理素质的训练，就能够将空虚及时地消灭在萌芽状态而不给它以进一步侵袭的机会。

4. 忘我地工作

劳动是摆脱空虚极好的措施。当一个人集中精力、全身心投入工作时，就会忘却空虚带来的痛苦与烦恼，并从工作中看到自身的社会价值，使人生充满希望。

5. 目标转移

当某一种目标受到阻碍难以实现时，不妨进行目标转移，比如，从学习或工作以外培养自己的业余爱好（绘画、书法、打球等），使心情平静下来。当一个人有了新的乐趣之后，就会产生新的追求；有了新的追求就会逐渐完成生活内容的调整，并从空虚状态中解脱出来，迎接丰富多彩的新生活。

当你和空虚顽强斗争的时候，请记住普希金的这句诗："生活不会使我厌倦。"

第八章

恐惧和紧张：
放松心情，笑对生活

　　人多的地方，有些人容易感到恐惧和紧张。这个时候你需要放松自己的心情，只有让心情得到放松，你才能保持从容，随后，恐惧和紧张的情绪也就自然消失了。

你是否有社交恐惧

使你敞开胸怀拥抱信心的一项重要工作，就是要驱除你心中的恐惧情绪。根据恐惧的对象不同，可以分为以下3类：

一、处境恐惧：对街道、广场、公共场所、高处或密室等处境恐惧，不敢出门，只想回避这些场所。

二、社交恐惧：对需要与人交往的处境感到恐惧而力求避免。

三、单纯恐惧：如对针、剪、刀、笔尖等物体发生恐怖时称锐器恐怖；对猫、狗、鼠、蛇等动物发生恐怖称动物恐怖。

四、疾病恐惧：神经过敏、草木皆兵。他们怕得肿瘤，怕得肝炎，怕得艾滋病……有一个年轻的女护士，因哥哥患肝炎去世而惧怕肝炎到了惶惶不可终日的程度。她手不敢碰墙，见到痰盂、墩布等绕开走；怕邻居来串门，邻居走后，要用消毒液擦洗人家坐过、碰过的地方。

生活中总有这样的一些人，他们会说：

"我逃课，因为在同学面前我觉得很不自在""我宁可一个人待在家里，一想到要和别人打交道，我就觉得很紧张""我不知道别人是怎么看我的，他们可能都在嘲笑我、讨厌我"。

"我早在读高中的时候，就害怕别人看我写字，一看我就非常紧张，手就抖个不停，并伴有轻度的头痛，字越写越大，极不规整，慢慢在人前既不敢举笔，同时还表情不自然，除身体的僵硬感外，连思维都不灵活了。"

"我的性格比较孤僻，而且越大越怕接触人，原因是我从小肠胃不好，总是放屁，人们叫我'屁精'。等到我长大后，这毛病虽然没有了,但我的臭味也离不开身了,一个人待着闻不出来,和同学在一起,臭味就特别大,因为我从别人的眼光以及捂鼻子或是突然从我身边离开的动作中可以察觉到,所以我想与其让人家讨厌我,不如我知点趣,每当遇到熟人走来,我便远远地躲开。"

"我特别怕别人的眼睛与我对视,每当这时我就羞得要命,不仅面红耳赤,连手心都汗淋淋的,必须马上躲开,否则双腿就抖个不停,连迈步都艰难。开始只是对男性,现在对女的也是如此,为此我常躲开视线,可是又情不自禁地用眼睛的余光扫视对方,给对方以很不体面的感觉,说我这人很不正经。我自己也特别恨我这双眼睛,有时甚至都想把它挖掉。"

"也许我从上学开始就习惯了小教室,到了大学每当有大教室的课时,我都早早去占座,在别人还没进教室之前坐定,如果去晚了,或是因特殊情况迟到了,在进入教室或穿过走道时,心里就打起鼓来,像做贼似地蹑手蹑脚、紧张、出汗,脸也白了,举步维艰地坐到位置上,全身发抖。由于我的抖动,不仅影响到邻桌及前后座的同学,有时全教室的人都不安。他们用挪动身体、咳嗽、回头张望来向我抗议。"

"我特别怕到人多的地方去。比如商店、广场、集会或穿越马路,参加宴会,每当这时,我就心惊肉跳,既不敢抬头看人,更不敢与人交谈,我曾问过我母亲这是为什么。母亲说我在幼儿园时,有一次表演节目在台上出了丑,老师说了几句,从此就不愿去幼儿园了,后来在6岁时,母亲带我去逛商场,人多又把我挤丢了,我在人群里大喊大叫找妈妈,吓得尿了裤子……"

"我20岁,十分孤僻,不爱说话,和别人交往有低人一等的感觉,几乎每天都在自卑中生活,有时想到轻生。出来打工的目的就是想在社会中锻炼一下自己,可是经过一年的时间一直不能适应,不敢和人说话,见人就害羞、紧张。我特别怕和人一块吃饭，那样我张不开口，连吞咽都感到嗓子噎得慌，我担心我会疯，或者我会出家去。"

"我是个严重的社交恐惧症患者，主要症状是害怕异性，这是由于初中时我的有意压抑和过分自闭造成的，如今已10年过去，我的恐惧症状主要表现在目光恐怖上，我害怕异性，因而有意地回避异性，但我越是回避，这眼睛越是鬼使神差地要去看他们，甚至是他们隐私的地方。后来如果我的视线里出现与男生相关的比如打火机、烟、鞋或男人专用的衣物等，也会扰乱我的目光，使我心神不宁。如果我身边有男人，哪怕距离很远，我的目光都不自然，只好低下头闭上眼睛去躲闪。但我特别紧张、局促不安，全身别扭，因此我拒绝与人交往，与社会交往，我的生活一直处在半封闭状态中，另外，也因为这个目光问题，人们对我都极尽羞辱之词，让我的人格尊严受到伤害。"

"我从小就害羞，怕见人，人家叫我'假丫头'。据说我父亲小时候也有'假丫头'的绰号，一辈子说不上一篓子话。现在我比他还厉害。二十多岁了，也想找个老婆，可是我不敢抬头说话。一天到晚没完没了地抽烟，因为烟可以缓和我的紧张。在相亲时，我不仅满身大汗，且身体像麻绳一样扭着，既怕人家看前面，又怕人家看后面，手脚不知放在哪好，头也点个不停，在场的人以为我犯'羊癫疯'了，那女孩吓得叫喊着跑了出去……"

实际上，这些例子远没有概括社交恐惧症的全貌。

社交恐惧症是一种精神上的疾病，但是为了自己个性上的内向、害羞而苦恼和真正患了社交恐惧症是不一样的。社交恐惧症的患者通常对群体的看法都是很负面的，除了几个亲近的人之外，他们很难和外界沟通，这些人无法主动走出自我的世界，也不愿意加入人群。这些人在人多的地方会觉得不舒服，担心别人注意他们、担心被批评、担心自己格格不入，情况轻微的人还是可以正常地生活，情况严重的话却会造成生活上的障碍，导致无法正常求学或工作。

社交恐惧症已经是在忧郁症和酗酒之后排名第三的心理疾病，而且因为现在人面临的压力愈来愈大，所以罹患的人数有愈来愈多的趋势。

要如何知道自己是否患了社交恐惧症呢？可从以下3点来做自我检测：

1. 会因为害怕在别人面前觉得害羞或不好意思而不和他人说话或不愿意做某些事情吗？

2. 不愿意成为别人注意的焦点吗？

3. 你害怕别人觉得你愚笨或担心看起来很害羞吗？

如果以上3点中你有其中两点的情形的话，就有可能是患了社交恐惧症；如果这些情形已经让你想躲在家里，不愿意和任何陌生人接触，你可能就需要接受咨询或治疗了。

常见的社交恐惧

1. 赤面恐惧

一般人在众人面前时，经常会由于害羞或不好意思而脸红，但赤面恐惧者却对此过度焦虑，感到在人前脸红是十分羞耻的事，最后由于症状固着下来，则非常畏惧到众人面前。他一直努力掩饰自己的赤面，尽量不被人觉察，并因此十分苦恼。

他惧怕到众人面前，在乘公交车时，总感到自己处在众人注视之下，终于连公交车也不敢乘。如有位有赤面恐惧的学生，对上学乘公交车感到痛苦，便总是在别人上车完毕，公交车快开时才匆匆上车，以此方法避开人们的注视。因为坐下会与别人正面相对，便干脆站在车门口来隐藏自己的赤面。又如一位学生患者，因赤面恐惧不能乘公交车，只好坐出租车或干脆步行。在必须乘公交车时，就事先喝上一杯酒，使别人认为他脸红是喝酒所致，以此自我安慰，或拼命奔跑急匆匆上车，解开衣服的纽扣，用什么东西扇着风，让别人相信他脸红是由于奔跑所致，以掩饰赤面。

有一位医生，身患此疾。为了掩饰赤面，便佩戴红色领带，还有人为了缩小赤面的面积而留起了胡须。

有一位著名的雕刻家，在与人谈话时感到赤面，便借故小便暂时离开座位。这一类患者甚至连向别人问路也感到不便，宁肯自己一个人躲在无人处拼命查看地图，就是多花费时间也甘愿如此。

上述症状在正常人看来似乎很可笑，但对患者来说却像落入地狱般痛苦不堪。他们觉得不治好赤面恐惧症状，一切为人处世都无从谈起。

2. 视线恐惧

与别人见面时不能正视对方，自己的视线与对方的视线相遇就感到非常难堪，以至于眼睛不知看哪儿才好。一味注意视线的事情，并急于强迫自己稳定下来，但往往事与愿违，终于不能集中注意力与对方交谈，谈话前言不搭后语，而且往往失去常态。

有的视线恐惧者与许多人同在一个房间时，总是不能注视自己对面的人，而强迫自己注意旁边其他人的视线，或认为自己的视线朝向旁边的人而使其感到不快。结果他的精力无法集中于对面的人。有的学生在上课时总是不能自己地去注意自己旁边的同学，或总感到旁边的同学在注视自己，结果影响了上课，并给自己带来无比的痛苦。

3. 表情恐惧

有人总担心自己的面部表情会引起别人的反感，或被人看不起，对此惶恐不安。表情恐惧多与眼神有关，总认为自己眼神令其他人反感，或认为自己的眼神毫无光彩等。

有一位有表情恐惧情绪的人，他固执地认为自己的眼睛过大，黑眼球突出，这样子易成为别人笑柄，又认为自己的表情经常是一副生气的样子，肯定会给别人带来不快，他冥思苦想，竟然使用橡皮膏贴住自己的眼角，认为这样就会使眼睛变小，但眼睛承受极大的拉力，非常痛苦，也很难持久。最后，他下决心动手术，不过当然没有一个眼科医生会给他做这样的手术。

还有一位，他认为自己总是眼泪汪汪，样子肯定很丑，竟找医生商量是否能切除泪腺。另有一位公务员，他认为自己说话时嘴唇歪斜，给人带来不快，竟因此而考虑辞职。

有的患者认为自己笑时是一副哭丧相，有的患者则认为自己眉毛、鼻子长得像病态的样子。有个女同学在和别人开玩笑时，听别人说自己的脸长得像一副假面具，从此她对自己面孔倍加注意，不知如何是好，最后甚至不愿见人了。

4. 异性恐惧

主要症状与前几种情况大致相同，只是患者在与异性或者自己领导上级接触时，症状尤其严重，感到极大的压迫感，不知所措，甚至连话也说不出来，而与自己熟悉的同性及一般同事交往则不存在多大问题。

5. 口吃恐惧

口吃恐惧可归类于社交恐惧的一种。患者本人独自朗读时没有什么异常，但在别人面前时，谈话就难以进行，或开始发音障碍或才说到一半就说不下去。患者对此忧心忡忡，因不能顺利地与人交谈而感到自己是个残缺的人，终于因此而非常苦恼。

人为什么会患社交恐惧症

经专家研究表明,"社交恐惧"这种不正常的心理状态与人在童年时期的某个行为印痕有直接的关系。

例如,有一个人小时候曾经得到一次演讲的机会,他做了精心的准备,希望风光一把。可没想到,他上台时竟把原先背得滚瓜烂熟的演讲词忘得一干二净了,这使他尴尬至极。从那以后,他变得不敢当众讲话了。

有一个男孩,平时很喜欢去同学家里玩,有一天他无意中听到那位同学的母亲在教训孩子:"别让你的那个同学老到家里来玩,烦死人了,下次他再来你赶紧打发他走。"这个男孩悄悄地缩回了已经踏入门槛的一条腿,从此之后,他变得害怕与人接触和交往,更不敢与人交朋友。

快把社交恐惧症赶走

针对成因,对社交恐惧症的治疗方法主要有以下几种。

1. 注意力集中法

在社交场合,不必过度关注自己给别人留下的印象,要知道自己不过是个小人物,不会引起人们的过分关注,正确的做法是学会把注意力放在自己要做的事情上。

2. 兜头一问法

当心理过于紧张或焦虑时,不妨兜头一问:再坏又能坏到哪里去？最终我又能失去些什么？最糟糕的结果又会是怎样？大不了是再回到原起点，有什么了不起！想通了这些，一切就会变得容易起来了。

3. 钟摆法

为了战胜恐惧，心里不妨这样想：钟摆要摆向这一边，必须先往另一边使劲。我脸红大不了红得像块红布；我心跳有什么了不起，我还想跳得比摇滚乐鼓点还快呢！结果呢，人们会发现实际情况远没有原先想象的那么严重，于是注意力就被转移到正题上了。

4. 系统脱敏法

如果面对自己爱恋的女孩子，可用循序渐进的方法克服心理障碍。一、先下决心看她的衣服；二、看她的脸蛋儿和眼睛；三、向她笑一笑；四、当有朋友在身边时主动与她说话；五、有勇气单独与她接触。这种避免直接碰撞敏感中心的方法，使一个原本看来很困难的社交行为变得容易起来，这种方法对轻度社交恐惧症一般有立竿见影的效果。

社交恐惧症自我调节注意事项：

1. 不否定自己，不断地告诫自己"我是最好的哦"，"天生我材必有用"。

2. 不苛求自己，能做到什么地步就做到什么地步，只要尽力了，不成功也没关系。

3. 不回忆不愉快的过去，过去的就让它过去，没有什么比现在更重要的了。

4. 友善地对待别人，助人为快乐之本，在帮助他人时能忘却自己的烦恼，同时也可以证明自己的价值存在。

5. 找个倾诉对象，有烦恼是一定要说出来的，找个可信赖的人说出自己的烦恼。可能他人无法帮你解决问题，但至少可以让你发泄一下。

6. 每天给自己 10 分钟的思考，不断总结自己才能够不断面对新的问题和挑战。

7. 到人多的地方去，让不断过往的人流在眼前经过，试图给人们以微笑。

紧张情绪的测试

当今社会的快节奏中，有些人很容易患紧张症，患有这种症状的人，主要是平时身心不能适应外界环境。紧张对人体是有害的，因此，必须采取保护性措施，用科学的方法，加强心理保健，以促进身心健康。

有人根据紧张的程度，提出一套自我测查法。请在每题后面的括号内填入"有"或"无"。

平时不知为什么总觉得心慌意乱，坐立不安。（　）

晚上考虑各种问题，不能安寝，即使睡着，也容易惊醒。（　）

肠胃功能紊乱，经常腹泻。（　）

经常做恶梦、惊恐不安，一到晚上就倦怠无力，焦虑烦躁。（　）

遇到不顺心的事情便会抑郁寡欢、沉默少言。（　）

早晨起床后常觉得头昏脑涨，浑身无劲，爱静怕动，情绪消沉。（　）

食欲不振，吃东西没有味道，宁可忍受饥饿。（　）

轻微活动后，就出现心跳加快、胸闷气急。（　）

一回到家，就感到许多事情不称心，暗暗烦躁。（　）

想要看到的东西一时不能看到就会心中不舒服，闷闷不

乐。（　　）
平时只要做一点轻便工作就感到疲劳、周身乏力。（　　）
离开家门去学校时，总觉得精神不佳，有气无力。（　　）
在父母兄弟面前稍有不如意就任性发怒，失去理智。（　　）
一些小事总是萦回在脑子里，整天思索。（　　）
处理问题主观性强，情绪急躁，态度粗暴。（　　）
对他人的疾病非常关心，到处打听，唯恐自己身患同一种病。（　　）
对别人的成功和荣誉常会嫉妒，甚至怀恨在心。（　　）
身处拥挤的环境时，容易思维杂乱、行为失序。（　　）
听到左邻右舍家中的噪声感到焦虑发慌，心悸出汗。（　　）
明明知道是愚蠢的事情还非做不可，事后又懊悔。（　　）
读书看报不能专心至致，往往中心思想也搞不清楚。（　　）
星期日整天玩纸牌，消遣度日。（　　）
经常和同学或家人发生争吵。（　　）
经常感到喉头阻塞，胸部重压，气不够用。（　　）
经常追悔往事，有负疚感。（　　）
做事讲话，操之过急，言辞激烈。（　　）
突然发生意外，失去信心，显得焦虑紧张。（　　）
性格倔强、脾气急躁，不易合群。（　　）

答案和说明：

在上述28个项目中，如有10项相符者为轻度紧张；20项相符者为中度紧张；28项皆有者为紧张症。

如果你有紧张症，请试用以下措施加以清除：1.不管学习如何紧张，可用写字绘图、手工雕刻等方法进行自我调节，松弛紧张状况。2.积极参加体操、游泳、跑步、球类等体育活动，增强体质。3.学习之余开展下棋，看电影、电视、戏剧，听音乐、广播，进行旅游等多种形式的文娱活动，以消除疲劳。4.养成有规律的生活习惯，适当增加营养，提高自制力。

对于患有中度以上紧张症的人来说，单采取保护性措施是不够的，还必须进行健康检查，或在医生指导下进行心理治疗。

第九章

嫉妒和自卑：摆正心态，提升自我

　　嫉妒是与他人比较，发现自己在才能、名誉、地位或境遇等方面不如别人而产生的一种由羞愧、愤怒、怨恨等组成的复杂情绪状态。对待嫉妒，有上、中、下品。上品的心胸开阔，能悦纳大千世界的各种色彩，"世上本无妒，庸人自扰之"，这种人近乎圣人，很少。中品的虽然免不了嫉妒几下，但是能有意识地调节自己的心理状态，克服偏激心理，正视现实，变嫉妒为赶超，实在赶不上也就算了。下品的沉溺在嫉妒的泥潭里，撩蜂吃螫，又嗷嗷叫痛，这种自作自受的人并不少见。你想做哪一种人呢？

嫉妒缘何而来

1. 好嫉妒人的自大

因为自大,想高人一等,所以就容不下比他强的人。看到周围的人有超过自己之处,要么设法去贬低,要么设置陷阱去坑害对方。

2. 好嫉妒的人自私

自私的人必然喜嫉妒。嫉妒和自私犹如孪生兄弟。法国作家拉罗会弗科就曾说过:"嫉妒是万恶之源,怀有嫉妒心的人不会有丝毫同情""嫉妒者爱己胜于爱人"。

因为嫉妒,他不希望别人比自己优越;因为自私,他总是想剥夺别人的优越。好嫉妒的人从来不为别人说好话。嫉妒的人,因为容不下别人的长处,所以他就通过说别人的坏话来寻求一种心理的满足。好嫉妒的人没有朋友,因为他容不下别人的长处,而每个人都有自己的长处,所以他就把所有的人视作自己的敌人,以冷漠的目光注视别人。

欲无后悔须律己,各有前程莫妒人

希望好嫉妒的人经常诵读此联,不断地反省自己,改善自己的品性。生活中可从以下几个方面来改变自己。

1. 胸怀大度,宽厚待人

19世纪初,肖邦从波兰流亡到巴黎。当时匈牙利钢琴家李斯特已蜚声乐坛，而肖邦还是一个默默无闻的小人物。然而李斯特对肖邦的才华却深为赞赏。怎样才能使肖邦在观众面前赢得声誉呢？李斯特想了个妙法：那时候在钢琴演奏时，往往要把剧场的灯熄灭，一片黑暗，以便使观众能够聚精会神地听演奏。李斯特坐在钢琴面前，当灯一灭，就悄悄地让肖邦过来代替自己演奏。观众被美妙的钢琴演奏征服了。演奏完毕，灯亮了。人们既为出现了这位钢琴演奏的新星而高兴，又对李斯特推荐新秀深表钦佩。

2. 少一份虚荣就少一份嫉妒心

虚荣心是一种扭曲了的自尊心。自尊心追求的是真实的荣誉，而虚荣心追求的是虚假的荣誉。对于嫉妒心理来说，它的要面子，不愿意别人超过自己，以贬低别人来抬高自己，正是一种虚荣，一种空虚心理的需要。单纯的虚荣心与嫉妒心理相比，还是比较好克服的。而二者又紧密相连，相伴而生。所以克服一份虚荣心就少一份嫉妒心。

3. 快乐之心药可以治疗嫉妒

快乐之心药可以治疗嫉妒，是说要善于从生活中寻找快乐，就正像嫉妒者随时随处为自己寻找痛苦一样。如果一个人总是想：比起别人可能得到的欢乐来，我的那一点快乐算得了什么呢？那么他就会永远陷于痛苦之中，陷于嫉妒之中。快乐是一种情绪心理，嫉妒也是一种情绪心理。何种情绪心理占据主导地位，主要靠人来调整。

4. 对别人的成绩和进步有一个正确的评价和态度

如果对别人取得的成绩有了正确的认识，看到其中蕴含着辛勤，你就会觉得来之不易，自己完全可以从中得到鼓舞和教益。对于别人的成绩，一种态度是消极嫉妒、贬低、打击，从而抬高自己；一种是无视事实，抱无所谓的态度，固步自封；一种是奋起直追，"你行我更行"，努力学习、工作。显然第三种态度才是正确的、有益的。这种自强不息的做法，不仅能熄灭嫉妒之火，而且还会燃起奋进之火，通过努力缩小距离，从而达到新的平衡。

5. 不要用放大镜看自己

如果只看自己的优点，而且看得过重，就接受不了别人挑战的事实，更不能容忍别人超前的现实。在任何时候，把自己看得淡薄些，心境也许会好些。把自己当成金子，常有被埋没的痛苦，而把自己当成铺路石，就有铺在路面上的欢乐。

6. 充实自己的生活

英国哲学家培根说过："嫉妒是一种四处游荡的情欲，能享有它的只能是闲人。如果我们工作学习的节奏很紧张，生活过得很有意义，就不会花很大功夫泡在嫉妒里。嫉妒别人，不会增加自己生活快乐的细胞。"

淡化你身边的嫉妒

引发嫉妒的条件主要有4个：

1. 各方面条件与自己相同或不如自己的人居于优势。2. 自己所厌恶而轻视的人居于优势。3. 与自己同性别的人居于优势。4. 比自己更高明的人居于优势。由于"嫉妒心是在本人还未觉察时通过迅速无比的心理检查而产生的"，所以，这4个条件中任何一个若与下列否定条件重复，嫉妒将不再产生：1. 本人无意加以比较，或看破了情势，认为自己无法达到那么一个高度，或二者生活在不同层次的世界。2. 妒嫉的对象不在自己身边。3. 通过艰苦努力得到的结果。

根据嫉妒心理的这些产生条件和否定条件，我们完全有可能找到一些淡化嫉妒的有效办法。记住，淡化嫉妒也就是淡化你的突出优势——你不比别人强，别人嫉妒你什么？虽然明摆着比别人强，但还要从感情上和大家走在一起，认为自己不比别人强，这一下子，别人反倒不再嫉妒你了，也会认为你是靠自己的努力得来的优势。具体说来，有以下几种方法。

1. 介绍自己的优势时，强调外在因素以冲淡优势

你被派去单独办事，别人去没办成，而你却一下子办妥了。这时，你若开口闭口"我怎么怎么"，只能显出你比别人高一筹，聪明能干，而招致嫉妒。如果你说"我能办妥这件事，是因为我卖力肯干"，就容易让人觉得你处于优势是理所当然的，因而会嫉妒你的能干。但你要是说"我能办妥这件事，一方面是因为前面的同志去过了，打了基础，另一方面多亏了当地群众的大力帮助"，这就将办妥事的功劳归于"我"以外的外在因素"前面的同志和群众"中去了，从而使人产生"还没忘了我的苦劳，我要是有群众的大力帮助也能办妥"这样的借以自慰的想法，心理上会得到暂时平衡。"我"在无形中便被淡化了优势。

2. 言及自己的优势时，不宜喜形于色，应谦和有礼以淡化优势

人处于优势自是可喜可贺的事。加上别人一提起一奉承，更是容易陶醉而喜形于色，这会无形中加强别人的嫉妒。所以，面对别人的赞许恭贺，应谦和有礼、虚心，不仅显示出自己的君子风度，淡化别人对你的嫉妒，而且能博得对你的敬佩。

"小张，你毕业一年多就提了业务厂长，真了不起，大有前途呀！祝贺你啊！"在外单位工作的朋友小王十分钦佩地说。"没什么，没什么，老兄你过奖了。主要是我们这儿水土好，领导和同事们抬举我。"小张见同一年大学毕业的小李还在办公室里工作，便压抑着内心的欣喜，谦虚地回答。小李虽然也嫉妒小张被提拔，但见他这么谦虚，也就笑盈盈地主动招呼小张的朋友小王："来玩了？请坐啊！"

不难想象，小张此时如果说什么"凭我的水平和能力早可以被提拔了"之类的话，小李不嫉妒煞了，进而与小张难以相处才怪。

3. 不宜在优势者的同事、朋友面前特意夸奖优势者

显然，谁都希望处于优势而得到他人的夸奖，但事实上总会有悬殊的差别。当同事、朋友各方面条件都差不多，其中有人处于优势，别人若不提及，有时还不觉得，一旦有人提起，其他人听了就不好受，难免妒火中烧。所以，作为不会对此嫉妒的旁人，一定不要在优势者的同事、朋友等多人面前特意夸奖优势者。否则，不仅会引发和加强其对优势者的嫉妒，还可能同时嫉妒你与优势者的"密切关系"。

某单位宣传部干事小李在较有影响的报刊上发表了几篇理论文章。团委小陈在工会宣传干事小余面前羡慕地夸奖道："小李子真不错，最近又有一篇文章在某某刊物上发表了！"小余顿时敛住笑容，酸溜溜地说："有他那么多闲工夫，发两篇文章有什么了不得的？哼！"小陈见状，自知失言，不无尴尬地点头笑了笑，走出工会办公室。这里，小陈就是犯了大忌：在可能产生嫉妒的敏感区偏偏又增添了引发嫉妒的"发酵剂"。

4. 突出自身的劣势，故意示弱以淡化优势

如同"中和反应"一样，一个人身上的劣势往往能淡化其优势，给人以"平平常常"的印象。当你处于优势时，注意突出自己的劣势，就会减轻嫉妒者的心理压力，产生一种"哦，他也和我一样无能"的心理平衡感，从而淡化乃至免却对你的嫉妒。

比如，你是大学刚毕业的新教师，对最新的教育理论有较深的研究，讲课亦颇受同学欢迎，以致引起一些任教多年却缺

乏这方面研究的老教师的强烈嫉妒。这时，你若坦诚地公开、突出自己的劣势：教学经验一点都没有、对学校和学生的情况很不熟悉等等，再辅以"希望老教师们多多指教"的谦虚话，无疑会有效淡化自己的优势，衬出对方的优势，减轻老教师对你的嫉妒。

5. 不宜当众说"我们怎么怎么"，而给人以"厚此薄彼"之嫌

在众人面前谈某一群体中的某人时，你若说"我们很要好""我俩情同手足""我和你们单位的某某交情很深"之类的话，对方很容易产生"你厚他薄我"的冷落感。因为这种复数关系称谓具有明显的排他性。对方会觉得被你称为"我们"中的人员是优势的而滋生嫉妒。

6. 强调获得优势的"艰苦历程"以淡化嫉妒

根据嫉妒心理的否定条件之一——通过艰苦努力所取得的成果很少被人嫉妒——这一观点，如果我们确实是通过自己的艰苦努力得到的优势，那么不妨将此"艰苦历程"诉诸他人，加以强调以引人同情，减少嫉妒。

比如，在邻居、同事还未买电脑的时候，你却先买了，为了免受"红眼"，你可以这么说："我买这台电脑可不容易。你们知道我节衣缩食积蓄了多少年吗？整整6年啊！辛苦啊！我们夫妻俩都是低工资，一个钢镚一个钢镚儿地攒，连场电影都舍不得看，太难了……"听了这些话，对方就很难产生嫉妒之心。相反，或许还会报以钦佩的赞叹和由衷的同情。

7. 切忌在同性中谈及敏感的事情

（1）女性之间的嫉妒多半因容貌而起。

女人爱嫉妒。嫉妒可以说是女人明显特征之一。而女人又往往因为容貌姿色才处于优势。所以，女人对容貌、衣着以及风度气质所带来的爱情生活、夫妻关系等相当敏感，很容易产

生嫉妒。比如，一个姑娘因有一张漂亮的脸蛋而被不少小伙子包围着，那些容貌平平的没有人追求的姑娘自然会对她产生嫉妒。这时，你作为男性，千万不要在女性之间当面夸赞其中某一姑娘"某某真漂亮！""某某的穿着打扮真时髦！""某某的气质太迷人了！""某某的男朋友我见过，特帅，特有魅力！"这不仅会引起其他女性的嫉妒，而且会对你产生一种莫名的敌意。

（2）男性之间的嫉妒大多因名誉、地位、功业所致。

男人对社会活动能力、工作业绩、创造手段等最为关注，也最易导致相互嫉妒。比如，某人因升了职而赢得不少漂亮姑娘的追求，某人因才华出众、能说会道而显身扬名等等，都会受到身边其他男人的嫉妒。因此，在男性之间，作为女人不宜当众评头论足，说什么"某某真能干！""某某的女朋友真标致！""某某和你一块来的吧？现在已经是厂长了！"尤其作为妻子，更不宜有所比较地奚落自己的丈夫："你看人家小赵，学理科的出身，却发表了那么多的小说，稿费一拿就是几万块！亏你还是学中文的！"如此，就是再敦厚的人也会生出对他人的嫉妒之心来，导致家庭、邻里、同事之间关系的僵化和冷漠。

学会淡化别人的嫉妒心理，将有利于减少同事、朋友、邻里及多种范畴内的人们彼此间的敌意和隔阂，使人们成为各行各业的优势者。

自卑者的行为模式

一个内心感到自卑的人，必然会将自己的自卑感表现出来。只是不同的人有着不同的表现形式，很多情况下本人也一定能明确意识到。著名的美国成功学大师拿破仑·希尔发现，人们的自卑感表现形式和行为模式大致有以下几种。

1. 孤僻怯懦型

这类人由于深感自己处处不如别人，谨小慎微、畏首畏尾就成了他们的行为特点。他们对外界和生人、新环境有一种畏惧感和不安感，为躲避这种畏惧感和不安感，他们会像蜗牛一样畏缩在自己的壳里，不参加社交活动，不参与任何竞争，不愿冒半点风险。纵使自己的权益受到侵犯，也听之任之，逆来顺受，不敢声张，或者在绝望与忧伤中过着离群索居的生活。

2. 咄咄逼人型

自卑的人一般情况下是以被动的角色出现的，但有时却以盛气凌人的进攻形式表现出来，而这时恰恰是他自卑到极点的时候，再采取屈从与怯懦的方式已无法排解其自卑之苦，于是便转为好争好斗，表现为脾气暴躁、动辄发怒，即使是鸡毛蒜皮的小事也要找借口挑衅闹事。

3. 滑稽幽默型

自卑者也并非人人脸上都写着失意、消沉与怯懦。有时自卑恰是从相反的形式表现出来的。自卑者通过扮演滑稽幽默的角色，用笑声来掩盖自己内心的自卑。美国著名的喜剧演员弗丽丝·蒂勒相貌丑陋，她为此而羞怯、孤独自卑，于是她常用笑声，尤其是开怀大笑来掩饰内心的自卑。

4. 否认现实型

这类人不愿面对导致自卑的那些不愉快的现实，他们不愿意对自卑的根源进行思考清理，更没有勇气和信心去改变，于是便采取回避、否认现实的方式来摆脱自卑的痛苦，如借酒消愁就是这类行为的典型。

5. 随波逐流型

这类人因为自卑，没有信心，不敢有独立的主张，与众不同的行为，因而尽量使自己与别人保持一致，跟在他人后头亦步亦趋。与大家同步同调，大家做什么自己就做什么，往往会产生一种安全感和踏实感。

除以上5种类型以外，我们认为在东方佛教国家，还有一种普遍存在的自卑表现形式，那就是认命型。

6. 认命型

这类人也许多次努力过、拼搏过，但都失败了，或没有达到自己心中的目标，于是便产生了深深的挫折感，深深的挫折感又带来了自卑感，他们屡次失败之后，失去了再次奋斗、改变现实的信心和勇气，便将一切归结为命运。认为自己这辈子已经是命中注定的了，而命中注定的东西是人为改变不了的。这样，他们便可心安理得地隐藏起心中的自卑感，消极被动地接受命运的摆布。

战胜自卑的方案

1. 全面了解自己，正确评价自己

你不妨将自己的兴趣、爱好、能力和特长全部列出来，哪怕是很细微的东西也不要忽略。然后再和其他同龄人做一比较。通过全面、辨证地看待自身情况和外部世界，认识到凡人都不可能十全十美，人的价值主要体现在通过自己的努力，达到力所能及的目标。对自己的弱项和遭到失败持理智态度，既不自欺欺人，又不看得过于严重，而是以积极的态度应对现实，这样自卑便失去了温床。

2. 转移注意力

一个人既不可能十全十美也不可能一无是处。不要老关注

自己的弱项和失败，而应将注意力和精力转移到自己最感兴趣也最擅长的事情上去，从中获得的乐趣与成就感将强化你的自信，驱散你自卑的阴影，缓解你的心理压力和紧张。

3. 对自己的自卑进行心理分析

这种方法可在心理医生的帮助下进行。具体做法就是通过自由联想和对早期经历的回忆，分析找出导致自卑心态的深层原因。并让自己明白自卑情结是因为某些早期经历而形成的，并深入潜意识，一直影响着自己的心态，而实际上目前的自卑感是建立在虚幻的基础上的，与自己的现实情况无关，因而是没有必要的。这样可以从根本上瓦解自卑情结。

4. 用行动证明自己的能力与价值

其实，看一个人有没有价值，根本用不着进行什么深奥的思考，也用不着问别人，有人需要你，你就有价值。你能做事，你就有价值。你能做成多大的事，你就有多大的价值。因此，你可先选择一件自己较有把握也较有意义的事情去做，做成之后，再去找一个目标。这样，你可不断收获成功的喜悦，又在成功的喜悦中不断走向更高的目标。每一次成功都将强化你的自信心，弱化你的自卑感，一连串的成功则会使你的自信心趋于巩固。当你切切实实感觉到自己能干成一些事情时，你还有什么理由怀疑自己的价值呢？

5. 从另一个方面弥补自己的弱点

一个人有着多方面的才能，社会的需要和分工更是万象纷呈。一个人这方面有缺陷，便可从另一方面谋求发展。一个身材矮小或过于肥胖的人，可能当不成模特和仪仗队员，可是这世界上对身材没有苛刻要求的工作多的是。一个人只要有了积极心态，扬长避短，将自己的某种缺陷转化为自强不息的推动力量，也许你的缺陷不但不会成为你的障碍，反而会成为你的福音。因为它会促使你更加专心地关注自己选择的发展方向，往往能促成你获得超出常人的发展，最终成为超越缺陷的卓越人士。这方面的著名事例数不胜数，如身材矮小的拿破仑、身短耳聋的贝多芬、下肢瘫痪的罗斯福、少年坎坷艰辛的巨商松下幸之助、霍英东、王永庆、曾宪梓，这些人要么有自身缺陷，要么有家庭缺陷，但他们都成了卓越人士，都从某个方面改变了世界。

6. 推翻内向的自我形象

每个人都应该是自己的主宰，做自己人生的导航员。没有谁比你自己更能决定你的命运。因此，你的个性内向与否，那不是上帝的安排，而是你自己的安排，是你自己的决定。当你认定自己性格内向时，你便赋予了自己内向封闭的自我形象。而一旦这一形象标签进入你的潜意识，它又反过来引导约束你的行为。对自己的社交缺乏信心的人，不妨将自己从记事以来所认识的朋友都罗列出来，你会惊讶于自己竟有这么广泛的交际。特别是要多想想你的那些好朋友，既然你能与那么多人建立起良好的人际关系和深厚的友谊，也就足以证明你并非性格内向、不善交际了。

用实际行动建立自信

征服畏惧，战胜自卑，不能夸夸其谈，止于幻想，而必须付诸实践，见于行动。建立自信最快、最有效的方法，就是去做自己害怕的事，直到获得成功。具体方法如下。

1. 突出自己，挑靠前的位子坐

在各种形式的聚会中，在各种类型的课堂上，后面的座位总是先被人坐满，大部分占据后排座位的人，都希望自己不会"太显眼"。而他们怕受人注目的原因就是缺乏信心。

坐在前面能建立信心。因为敢为人先，敢上人前，敢于将自己置于众目睽睽之下，就必须有足够的勇气和胆量。久而久之，这种行为就成了习惯，自卑也就在潜移默化中变为自信。另外，坐在显眼的位置，就会放大自己在领导及老师视野中的比例，增强反复出现的频率，起到强化自己的作用。把这当作一个规则试试看，从现在开始就尽量往前坐。虽然坐前面会比较显眼，但要记住，有关成功的一切都是显眼的。

2. 睁大眼睛，正视别人

眼睛是心灵的窗口，一个人的眼神可以折射出性格，透露出情感，传递出微妙的信息。不敢正视别人，意味着自卑、胆怯、恐惧；躲避别人的眼神，则折射出阴暗、不坦荡心态。正视别人等于告诉对方："我是诚实的，光明正大的；我非常非常尊重你，喜欢你。"因此，正视别人，是积极心态的反映，是自信的象征，更是个人魅力的展示。

3. 昂首挺胸，快步行走

许多心理学家认为，人们行走的姿势、步伐与其心理状态有一定关系。懒散的姿势、缓慢的步伐是情绪低落的表现，是对自己、对工作以及对别人不愉快感受的反映。倘若仔细观察就会发现，身体的动作是心灵活动的结果。那些遭受打击、被排斥的人，走路都拖拖拉拉，缺乏自信。相反，通过改变行走的姿势与速度，有助于心境的调整。要表现出超凡的信心，走起路来应比一般人快。将走路速度加快，就仿佛告诉整个世界："我要到一个重要的地方，去做很重要的事情。"步伐轻快敏捷，身姿昂首挺胸，会给人带来明朗的心境，会使自卑逃遁，自信滋生。

4. 练习当众发言

面对大庭广众讲话，需要巨大的勇气和胆量，这是培养和锻炼自信的重要途径。在我们周围,有很多思路敏锐、天资颇高的人,却无法发挥他们的长处参与讨论。并不是他们不想参与,而是缺乏信心。

在公众场合,沉默寡言的人都认为:"我的意见可能没有价值,如果说出来,别人可能会觉得很愚蠢,我最好什么也别说,而且,其他人可能都比我懂得多,我并不想让他们知道我是这么无知。"这些人常常会对自己许下渺茫的诺言:"等下一次再发言。"可是他们很清楚自己是无法实现这个诺言的。每次的沉默寡言,都是又中了一次缺乏信心的毒素,他会愈来愈丧失自信。

从积极的角度来看,如果尽量发言,就会增加信心。不论是参加什么性质的会议,每次都要主动发言。有许多原本木讷或有口吃的人,都是通过练习当众讲话而变得自信起来的,如萧伯纳、田中角荣、德谟斯梯尼等。因此,当众发言是信心的"维他命"。

5. 学会微笑

大部分人都知道笑能给人自信,它是医治信心不足的良药。但是仍有许多人不相信这一套,因为在他们恐惧时,从不试着笑一下。

真正的笑不但能治愈自己的不良情绪,还能马上化解别人的敌对情绪。如果你真诚地向一个人展颜微笑,他就会对你产生好感,这种好感足以使你充满自信。正如一首诗所说:"微笑是疲倦者的休息,沮丧者的白天,悲伤者的阳光,大自然的最佳营养。"

第十章

爱与感恩：
洗刷心灵的污染

福克斯说得好，只要你有足够的爱心，就可以成为全世界最有影响力的人。任何负面的情绪在与爱接触后，就如冰雪遇上了阳光，很容易就融化了。如果现在有个人跟你发脾气，你只要始终对他施以爱心及温情，最后他们便会改变先前的情绪。爱是最为重要的精神"营养素"。

我心向爱

人生只有一次，将如水逝去，唯有爱心成就的事才能长存！

人只能活一次，而这一次就只有短短的数十寒暑。因此，痛快淋漓地活出自己的风采、活出自己的个性，将一个真实的我活灵活现地演绎出来。不要自我压抑，该说的话、想说的话、渴望说的话应该尽量说，赶快说，寻找机会来说。有很多人值得你去爱与支持。

世界是由爱编织而成的。

知道自己生命有限的人，反而更能自由地享受生命。

常人不知生命有限，苦苦追逐细枝末节的东西，因而无心向爱，他们的生命是脆弱的。

快乐源于内心的爱，世界上只有一种向上的力量，即源自内心的爱。

计较是让爱意消融的无形力量，当生命快到尽头时，人才知道计较已毫无意义，释然之时，天宽地阔，才发现生活中那么多的美好，人就被温馨、幸福包围了，生存的力量竟异乎寻常的倔强，许多伟大的壮举便产生了。

我们知道"青蛙变王子"的童话，故事中的公主亲了青蛙一下，青蛙就变成了王子，这故事告诉我们，爱拥有奇迹般的力量，爱对人来说，就像水对植物一样重要。

这是一个真实的故事……那天，是妞妞20岁生日，在爷爷奶奶为她庆贺生日的欢乐气氛中，妞妞却怀着忐忑不安的心情期盼着邮差的到来。如同每年生日的这一天，她知道母亲一定会从美国来信祝她生日快乐。

第十章 爱与感恩：洗刷心灵的污染

在妞妞的记忆中，母亲在她很小很小的时候就独自到美国做生意了，妞妞的爷爷奶奶是这样告诉她的。在她对母亲模糊的残存印象中，母亲曾用一只温润的手臂拥抱着她，用如满月般慈爱的眼眸望着她，这是她珍藏在脑海里，时时又在梦中想起的最甜蜜的回忆。

然而，妞妞对这个印象已逐渐模糊，却有着既渴望又怨恨的矛盾情绪，无法理解为何母亲忍心抛弃幼小的她而远走他乡。

在她的认知里，母亲是一个婚姻失败抛弃她不负责任的人。小时候，每次在想念母亲的时候，妞妞总是哭喊着让祖父母带她去美国找母亲，而两位老人总是泪眼以对地说："你妈妈在美国忙着工作，她也很思念妞妞，但她有她的苦衷，不能陪你，妞妞原谅你可怜的母亲吧！总有一天你会了解的。"

妞妞仍焦急地盼望母亲这封祝福她20岁生日的来信。她打开存放母亲来信的宝物盒，在成沓的信中抽出一封已经泛黄的信，这是她6岁上幼儿园那年母亲的来信："上幼儿园了，会有很多小朋友陪你玩，妞妞要跟大家好好相处，要把衣服穿得整齐，头发指甲都要修整干净。"

另外一封是16岁考高中的来信："中考只要尽力就好，以后的发展还是要靠真才实学，才能在社会竞争中脱颖而出。"

在这一封封笔迹娟秀的信中，流露出母亲无尽的慈爱，仿佛千言万语，道不尽，说不完。这些信是妞妞十几年成长过程中最仰赖的为人处世原则，也是与母亲精神上唯一的交流。

在过去无数思念母亲的夜晚，她紧抱着这只百宝盒痛哭，母亲，您在哪里？您体会得到妞妞的寂寞与想念吗？为什么您不回来看女儿，甚至没留下电话地址，人海茫茫，让我何处去找您？

邮差终于送来母亲的第七十二封信，如同以前一样，妞妞焦急地打开它，而爷爷也紧张地跟在妞妞后面，仿佛预知什么

-123-

惊人的事情要发生一样,而这封信比以前的几封更加陈旧发黄,妞妞看了顿觉讶异,觉得有些不对劲。

信上母亲的字不再那么工整有力,而是模糊扭曲地写着:"妞妞,原谅妈妈不能来参加你最重要的20岁生日,事实上,每年你的生日我都想来,但,要是你知道我在你3岁时就因胃癌死了,你就能体谅我为什么不能陪你一起成长,共度生日……

"原谅你可怜的母亲吧!我在知道自己已经回天乏术时,望着你口中呢喃地喊着妈妈、妈妈,依偎在我怀中玩耍嬉戏的可爱模样,我真怨恨自己注定看不到唯一的心肝宝贝长大成人,这是我短暂的生命最大的遗憾。

"我不怕死,但是想到身为一个母亲,我有这个责任,也是一种本能的渴望,想教导你很多很多关于成长过程中必须要知道的事情,来让你快快乐乐地长大成人,就如同其他的母亲一样,可恨的是,我已经没有尽这个母亲天职的机会了,因此以仅有的一些精神与力气,夜以继日、以泪洗面地连续写了72封家书给你,然后交给你在美国的舅舅,按着你最重要的日子寄回给你,来倾诉我对你的思念与期许。虽然我早已魂飞九霄,但这些信是我们母女此刻唯一能做的永恒的精神联系。

"此刻,望着你调皮地在玩扯这些写完的信,一阵鼻酸又涌了上来,妞妞还不知道你的母亲只有几天的生命,不知道这些信是你未来17年里逐封看完的母亲的最后遗笔,你要知道我有多爱你,多舍不得留下你孤独一个人,我现在只能用气若游丝的力量,想象你20岁亭亭玉立的样子……这是最后一封绝笔信,我已无法写下去,然而,我对你的爱却是超越生死,直到永远、永远……"

看到这里,妞妞再也按捺不住心里的震惊与激动,抱着爷爷奶奶号啕大哭,信纸从妞妞手中滑落,夹在信里一张泛黄的照片飞落在地上,照片中,母亲带着憔悴但慈祥的微笑,含情脉脉地凝视着妞妞，她手中飞舞着一沓信在玩耍……

照片背后是母亲模糊的笔迹，写着："1998年，妞妞生日快乐！"

爱，让我们活着。爱，是一切快乐的最大秘密。

爱主要是"给予"，而不是"接受"。

何谓"给予"？最普遍的误会是设想"给予"即是"放弃"某物，是丧失、牺牲。凡人格的发展还未超过接受、索取、守财倾向这一阶段的人，便有以这种方式"给予"的行为感受。

对于具有创造性人格的人来说，"给予"是潜力的最高表现，正是在"给予"中，我们体会到了自己的强大、富有、能力。这种增强了的生命力和潜力的体验使我们备感快乐，我们感到自己精力充沛，勇于奉献，充满活力，因此也愉悦。"给予"比接受更令人快乐，这并不是因为"给予"是丧失、舍弃，而是因为我们存在的价值正在于给予的行为。

在物质领域内"给予"意味着富有。富有，并不是说拥有很多财物的人才富有，而是慷慨解囊的人才富有。众所周知，穷人比富人更愿意"给予"，然而超过一定限度，贫困使他无力再给。一个人自认为的最低限度的生活需要，既取决于他拥有的财物，更取决于他的品质。

最重要的奉献领域不是物质财富领域，而是特殊的人的领域。一个人奉献给另一个人的是什么？他奉献自身，奉献他宝贵之物，奉献他的生命。这并不一定意味着他为他人牺牲生命，而是意味着他把自身有活力的东西给予他人，他给他人以快乐、兴趣、理解、知识、幽默、伤感，献出了生命的过程，使他充实了另一个人，他通过增强自己的活力感而提高了他人的活力感，他不是为了接受而给予，但在这一过程中，他不能不带回在另一个人身上复活的某些东西，而这些东西反过来影响他。"给予"隐含着使另一个人也成为献出者,他们共享已经复活的精神的乐趣。在真正的创造性的关系中,给予也必然意味着获得,作为"给予"行为的爱之能力,取决于那个人个性的发展。

爱是创造爱的能力,无爱则不能创造爱。

爱是给予,是播种,也是收获。如果你不能给予,你的接受就会使你变得空虚;而如果你不能接受,你的给予就会成为对对方的一种统治。

每个人都希望有一个充满爱的人生。要想实现这个愿望,我们就要从自身做起。我们必须首先做出爱的奉献,而爱,就是它本身的回报。付出越多,收获越大。

关于爱

1. 爱的基本要素

关心、责任、尊重和了解。这四者相互依存,只有在成熟的人身上才能找到这四者的交融形态。

(1)爱是对所爱对象的生命和成长的积极关心。哪里缺少这种积极关心,哪里就根本没有爱。

(2)责任不是职责,完全是一种自愿的行为,是对另一个人表达或没有表达的需要的反应。

(3)没有尊重,责任可蜕变为支配和占有。尊重意指一个人对另一个人成长和发展应顺其自身的规律和意愿。尊重蕴含没有剥削,让被爱的人为他自己的目的去成长和发展,而不是为了服务于我。

(4)不了解一个人就不能尊重他;爱的责任若没有了解作为向导便是盲目的;了解若无关心为动力,便是一句空话。只有当我能超越对自己的关心而按其本来面目发现另一个人时，这种了解才可能完成，了解是对所爱对象本质的了解认识。

2. 缺乏爱心的人

（1）那些没有或只有几位朋友的人，或者只把感情施予某一个人身上的孤家寡人，是很难培养出爱的能力的。

（2）那些觉得没人爱自己，没人能理解自己的人，正因为他们没有去参与爱的过程，没把爱心施予所有的人，既没有理解别人，也不在这方面做出努力。

（3）另一种表示不能去爱别人的危险信号是雄心过剩，一个人的身心被某种动力所驱使，在社会上奋力拼搏，实际上已经怀有爱的感情了，只是其施与对象不同而已。在各个领域中都会有人抱有雄心壮志，这是可敬的事情。如果这种抱负过分，那就说明这个人对其他人的爱心行将泯灭，他心中的那份爱是最为专注的，他无法将这份感情匀给其他人或事。

（4）还有一种人，他们要讨好每一个人，似乎很有博爱之心，使自己赢得每一个人的欢心，而实际上他们这种人恐怕根本不会爱上任何人，也不可能和别人去建立一种稳固的关系，这来源于那种认为自己不值得爱的感觉。

（5）至善主义者。如果你一切完全按照他们的意图去行事，你就会赢得他们的心，因为他们觉得自己才是正途，而别人的想法全是邪门歪道。他们这类人缺乏灵活性，没有幽默感，总是对别人发号施令，这种人不能容人，容易动怒，动辄不耐烦，对别人充满敌意，这绝不是爱的表现，自然也就得不到那份爱的快乐。

3. 爱的3个事实

第一个事实，我们并非天生就具有某些确定的爱的能力，爱是我们需要学习的，它是一系列经历的产物，很多这些经历发生在我们的早年生活之中。

第二个事实，没有两个人会以同样的接受和给予爱的能力进入成年。

第三个事实，我们今天的爱都是受着我们从前有过的爱的影响的。

4. 关爱及古老的基本问题

今天最大的威胁乃是人们的冷漠，在这种情形下，关爱正是一种必要的解毒剂。

无论如何，古老的基本问题仍然存在，这就是：有没有什么人、什么事对我来说至关重要？如果没有，我能否找到一个对我至关重要的人，或一件对我至关重要的事？

另一种珍爱

爱别人首先要爱自己。

学会爱自己，是源于对生命本身的崇尚和珍重。它可以让我们的生命更为丰满更为健康，让我们的灵魂更为自由更为强壮，让我们的生活更为快乐更为幸福。

有一篇小说《绿墨水》，讲一位慈父为使女儿有勇气面对生活而借她同班男生的名义给她写求爱信的故事。感动之余也让我们想到：人真是太脆弱了，似乎总是需要通过别人的语言和感情才能肯定自己、热爱自己。如果有一天这世界上没有一个人去关怀你、爱护你、倾听你、鼓励你——人生中必定会有这样的时刻，那你怎么办呢？

还有一个老音乐家的逸事。他在"文革"中被下放到农村为牲口铡了整整7年的草。等他平反回来，人们惊奇地发现他并没有憔悴衰老。他笑道：怎么会老呢，每天铡草我都是按4

/4拍铡的。为此,许多人爱上了这位并不著名的音乐家和他的作品,他懂得怎样拯救自己和爱自己。

为什么不学会爱自己呢?

学会爱自己,不是让我们自我姑息,自我放纵,而是要我们学会勤于律己和矫正自己。这一生总有许多时候没有人督促我们、指导我们、告诫我们、叮咛我们,即使是最亲爱的父母和最真诚的朋友也不会永远伴随我们。我们拥有的关怀和爱抚都有随时失去的可能。这时候,我们必须学会为自己修枝、寻水、培肥,使自己不会沉沦为一棵枯荣随风的草,而是成长为一棵笔直葱茏的树。

学会爱自己。不是让我们虐待自己苛求自己,而是让我们在最痛楚无助最孤立无援的时候,在必须独自穿行黑洞洞的雨夜没有星光也没有月华的时候,在我们独立支撑着人生的苦难没有一个人能为我们分担的时候——我们要学会自己送自己一枝鲜花,自己给自己画一道海岸线,自己给自己一个明媚的笑容。然后,怀着美好的预感和吉祥的愿望活下去,坚忍地走过一个又一个鸟声如洗的清晨。

也许有人会说这是一种自我欺骗,可是如果这种短暂的欺骗能获得长久的真实的幸福,自我欺骗一下又有什么不好呢?

学会爱自己。这不是一种羞耻,而是一种光荣。因为这并非出于一种夜郎自大的无知和狭隘,而是源于对生命本身的崇尚和珍重。这可以让我们的生命更为丰满更为健康,也可以让我们的灵魂更为自由更为强壮。可以让我们在无房可居的时候亲手去砌砖叠瓦,建造出我们自己的宫殿,成为自己精神家园的主人。

学会爱自己,才会真正懂得爱这个世界。

感　恩

　　一切情绪之中最有威力的便是爱心，但它会以不同的面貌呈现出来。感恩也是一种爱，通过思想或行动，主动表达出自己的情感，并珍惜上天赐予的、人们给予的、人生经历的。如果我们常心存感恩，人生就会过得再快乐不过了，因此请好好经营你那值得经营的人生，让它充满芬芳。

　　做一个100%负责任的人，首要的条件就是学会发自内心的感谢，知福的人才会感恩。

　　抱怨生活的人实在是太多了。你所缺少的东西，产生的原因只有一个，那就是你对那一部分感恩不够多！

　　日本"经营之神"松下幸之助每天有一项重要的工作：给员工倒茶。他感恩自己的员工，尊重他们的劳动，于是他拥有无数敬业乐业、拼搏进取的好员工。

　　美国前总统里根在白宫的办公桌上写下一句话：只问耕耘，不问收获的人，没有做不了的事儿，也没有到不了的地方。

　　学会感恩，剔除抱怨指责，这是成功的起点。

　　你可以经常提醒自己，生命是何等短暂与脆弱，世事是何等瞬息万变，此刻你可能有配偶或孩子，下一刻却很可能一无所有，这样的想法对你有启蒙与开化的作用。前一天你享受每天的散步活动，第二天却因为一场意外变得完全不能走路。前一天你还有一个家，第二天却毁于一场大火。诸如此类的想象都对你有提醒的作用。对于多变的人生，其实我们可以有两种截然不同的想法：一种是面对生命无常的变化感到挫折与恐惧；

另一种积极的想法是将这些变化视作理所当然,同时认为是激励自己对生命感恩的要素。

感恩你的父母

有一篇文章叫《妈妈是一扇会老的门》。原文如下:

……环境在改变,有些人的价值观变了,有些人在环境的压力下变得没了信心,有些人用不诚实来保护自己的心……我才惊觉,自己不也是浪子吗?

直到此时,我回头看看我妈妈,才觉得妈妈是一扇门,一扇等儿子回家的门,一扇会老会长白头发的门,甚至笑起来现在是满脸皱纹的门。去年我写信给妹妹,告诉她现在陪妈妈上车时,妈妈弯下身进计程车的速度比以前慢了3~5秒。有几回我在教会听妈妈弹琴,妈妈甚至弹错了好几个音,但那些错乱的音符和变调的旋律,却是我最心疼最心疼的一段记忆了……

听说过一个很感人的故事,一位年轻人爱上了一个魔鬼化身的女孩,女孩对他说:你要真爱我就去把你娘的心挖来。年轻人虽然爱娘,可在魔鬼的蛊惑之下就真的去和娘说了。娘什么都没说就同意了。年轻人捧着深爱他的娘的心奔向魔鬼恋人。路上,他摔了一跤,心掉在了路上,掉在地上的心说出了一句令人心碎的话:儿啊,你摔疼了吗?

还有一个故事,那是在美国佛罗里达州有一个二十多岁的男孩,在多年前,他跟他爸爸吵架,那天晚上他们吵得很厉害，这个男孩子在最愤怒的时候离家出走了。在他走之前，他回头狠狠地告诉他父亲，说他永远都不会回来了，他恨他父亲，不要再见了。就这样他离开了他父亲家。然而在几年后一个星期六的晚上，他发现其实心里面还是真的爱他的父亲的。所以下课后他又开车来到他父亲家。其实他跟他父亲住得很近，不过这几年他是真的没有再回去。当他站在父亲门口的时候，他的手发抖，他不敢敲门，因为他不知道开门以后他父亲会不会欢迎他，他父亲还会不会恨他、生他气。可结果他还是敲门了，开门的正好是他父亲。当他看到他父亲的时候，他简直不敢相信自己的眼睛，因为他父亲已经老了很多，头发已经花白，脸色也很苍白，可是当他的父亲看见他的时候，那疲倦的眼神突然间好像有了点光泽，很高兴地就搂着儿子哭了。两个人就站在门口相互拥抱，其实过去这几年他父亲一直在想念他，盼他回来。他们两个人就在这房子里面相互请求对方原谅，也相互告诉对方这个时刻是这几年以来两个人最开心、最高兴的时刻。他们谈了很久很久，后来这个男孩看到他父亲很疲倦，所以他就告辞了。可是当他回到训练场地后不久，他的手机响起来，他接到的电话是一个很陌生的声音，是医院的医务人员打来的，他们说其实你的父亲病了很久了，在你离开他没多久，你父亲的病就发作了，在送医院的途中去世了。他临终前，在担架上面不断要求我们，要我们打这个电话：告诉我儿子，我是真的很爱他，我不愿意告诉他我已经病了那么久了，我知道我要离开这个世界的时限已经很近了，可是当我看见他的时候，我不愿告诉他，因为这个时候是他最高兴的时候，我不要让他伤心，所以请你们帮我打这个电话告诉他，我不是有意想骗他、隐瞒他，只是我心里很爱他，不想让他再一次伤心，请你们告诉他，无论我到哪里，在我心里面他是我最爱的一个人，永远永远都在我心里。说完这段话他就去世了。

当这个男孩第二天回到课堂时,他向导师请求道:请你把这个故事告诉所有人,无论你到哪里讲学,你都把这个故事帮我分享,因为我知道这个世界上没有几个人像我那么幸运。因为我父亲离开我以前,我还有机会跟他说我爱他,并且我要求他原谅了我,我知道我父亲已经原谅我了,如果我父亲在他去世之前,还不知道我那么爱他,我不知道他会以一种什么心情离开这个世界,可是我知道这个世界上有很多人还是很爱他身边的人,只是很固执,所以请你叫他们不要等,千万不要等,不要再错过了,时间过去了就不会再等你,人过世了不会回来。

从小到大,父母亲也许打过你,骂过你;也许非常关心你,爱你,呵护你;也许父母亲没什么文化,只会用慈爱的目光给予你关怀和支持。你还能记得他们为你所做的一切吗?

所以在你的生活里面,你愿意原谅的,就不要再等,不要再错过了,爱你身边所有的人吧!放下书本,打几个电话,或用手机发些短信,或与身边的人做些沟通。

我们一定要明白一个道理,人活着不仅为自己,你的生命不属于你,是属于你的父母,属于你的亲人,属于你的孩子,你活着是一种责任,一种使命。

你要感谢父母给予你生命,你要感谢他们把你养大,让你成才。

同样是父母所生、所养,同样是血肉之躯,可人家的父母早已穿金戴银,早已住上洋房,享受生活,可你父母有吗?同在一片蓝天下,你的生命到今天为止,你为他们带来了什么?有没有因为你的存在,让他们更幸福,更快乐?你的兄弟姐妹,你有没有为他们做点什么,有没有让他们以你为荣为傲?

感恩你的老板

　　人们可以为一个陌生人的点滴帮助而感激不尽，却无视朝夕相处的老板的种种恩惠，将一切视之为理所当然，视之为纯粹的商业交换关系，这是许多老板和员工之间矛盾紧张的原因之一。

　　事实也确实如此，很多时候，人们会说，老板对你好是因为他希望你能够为他创造更多的价值，更多地去利用你。其实这无可厚非，世上任何事都是有因果的，就如别人对你好、帮助你，当然不会无缘无故，很多情况下是你有值得别人对你好、值得别人帮助你的地方。老板对你的好，当然有"目的"——"目的"就是希望你更强，能够做更多的事情……而这又有什么不好呢，因为同时，你自己也变得更强，能够做更多的事，这是一个双赢的结果，我们又怎么能够因为"短浅"地认为"受利用"了而不愿意为自己、为他人创造价值呢？为了计较短暂的得失而消极地看待、对待事情，是极不明智的做法，从经济博弈的观点来看，双方的对抗也是最不经济的做法。

　　曾记得还在学校学文献方面的课程时，老师就说过，一篇文献被人引用得越多，就说明这篇文献越有价值；人与物之间，很多东西是相通的，从这里我们可以类推出：在现实中，一个人的价值体现在别人对自己的"利用"上，一个人被人"利用"得越多，也就体现了他自身价值越大！

　　世界有时是很现实、很经济的，但就是这么一个世界，一样能够发现许多许多美好的事物，更何况人与人之间呢？！我们毕竟是社会人，应该明白在外打份工都不容易，茫茫人海能在一起共事也是一种缘分，多站在对方的立场上为对方想一想，多理解一下对方的处境，你还会认为和老板的关系仅仅是赤裸裸的经济利益关系吗？

也许，我们有时缺乏的就是感恩，在任何时候我们都要怀着一颗感恩的心，学会去感恩，你就能够发现在生活中更多的快乐。学会感恩，你会发现这个世界真的很可爱……

感恩你自己

现在我还想跟你说一个人，这个人跟你有很密切的关系，可以说是永远都分不开的，每天都跟你在一起，跟你一起上班，一起下班，一起看书，一起学习，一起看电影，一起逛街，一起睡觉，一起上厕所，也一起来到这里。没错，我说的那个人就是你自己，可是对于那么重要的一个人，你对他的要求就特别多，你很少欣赏他，只是拼命要求他多做一点，可是往往你都不会给他赞美，很多时候你都会冷落这个人。现在请用你的双手把你自己紧紧拥抱住，紧紧拥抱你自己的身体吧，因为你已经很久没有去拥抱你自己了。

你根本不需要去寻找别的英雄，因为这个英雄一早就存在于你心里，这个答案一早就锁在你的心中，而你所有的忧伤、恐惧都完全可以因为这个英雄而消失，就是因为这个英雄，他拥有的力量，他可以排除所有的恐惧，而且知道你完全可以活得精彩。所以当你感到绝望、彷徨，你只需要在你心里面找一找，这个英雄一早就在你心里面，他也是你最好最好的朋友，在这条漫漫的人生路上，很多时候都好像没有人帮你一把，可是你

别输在情绪掌控上

终归是可以找到爱的,你只要从你心里面去找一找,所有的空虚、寂寞都会烟消云散,就是因为这个长伴你身边的英雄,这个朋友,去陪着你走这条人生漫漫长路。

第十一章

宽容与助人：
赠人玫瑰，手有余香

人生百态，万事万物难免不够顺心如意，无名火与萎靡颓废常相伴而生，宽容是脱离种种烦扰、减轻心理压力的法宝。宽容不是逃避，而是豁达与睿智。

对人要宽宏大量

　　爱和怨在日常生活中往往同时存在、形影不离。有时，夫妻间爱得真挚，便恨得痛切；有时，误解突生遂势不两立，误解一释即和好如初。情人怨所爱的人陡生恶习，慈母恨孩子久不成才，此怨此恨中正包含着深切感人的爱。
　　一个宽宏大量的人，他的爱心往往多于怨恨。他乐观、愉快、豁达、忍让，而不悲伤、消沉、焦躁、恼怒；他对自己伴侣和亲友的不足处以爱心劝慰，晓之以理，动之以情，使听者动心、感佩、遵从，这样，他们之间就不会存在感情上的隔阂，行动上的对立，心理上的怨恨。
　　然而，在日常生活中，令人烦恼的事情时有发生。有时，不管你愿不愿意，它都会突现在你面前，给你心中留下哪怕是短暂的印象，使你感到不快、厌烦；有时，一些重大的事情突然发生了，就可能在你的心灵深处造成重创，甚至威胁你的生活。而造成这些灾难性事件的人，如果正是与你朝夕相处的人，你该如何对待呢？
　　有两个男孩子，从小学到高中不仅在一个学校里，而且在同一个班里。两人情同手足胜似手足，终日相处形影不离。他俩都是独生子，很得家长的喜爱。
　　一个星期天的清晨，他俩相约到海边游泳。夏日的海滨，细细白沙柔软而蓬松，蓝蓝的海水不断地轻轻亲吻着他们的脚背，吸引得他们恨不得一下子投入大海的怀抱中。这对年轻好胜的小伙子互相比赛着向深处游去。突然，风云骤变，阳光隐没在厚厚的云层里，那碧绿的海水顿时变得混沌暗黑。不一会儿，

第十一章 宽容与助人：赠人玫瑰，手有余香

暴雨便如同瀑布似地铺天盖地倾泻下来，狂怒的海水发出呼呼巨响。这两个小伙子在滔天的白浪中与危险苦苦地搏斗着，他们刚刚游在一起，就被一层巨浪分开了。他们高声喊叫着，竭力保持联系，同时，拼命往岸上游去。风越来越大，浪越来越高，海浪时而像无数隆起的小山，把他们抛向高空，时而又如凹下去的峡谷，使他们掉进无底的深渊。一个小伙子仍在高叫着另一个同伴的名字，却怎么也听不见回音，他心急如焚，拼命向同伴那里游去。人不见了！他不顾一切地喊叫着，寻找着，直到凶猛的巨浪把他打昏。

当他醒来时，发现自己躺在医院的病床上，随之他听到好友已不幸溺水身亡的消息。后来，他伤愈出院了，但他心中的忧患却日渐加剧。是他主动找好友去游泳的，他怪自己害死了好友。他失魂落魄地终日在海边徘徊，向着一望无垠的大海轻轻呼唤着好友的名字，但是只有那阵阵涛声作答。

他来到好友家里，请求伯母的宽恕。那失去独子的母亲悲痛欲绝，终日以泪洗面，无暇顾他。他每次都怀着一颗负疚的心情悻悻而去。

这种痛苦的心绪一直伴随着他离开校门，走上了社会；为亡友而产生的伤感也注满了他的新房，甚至在蜜月中也不时地影响到新婚的热烈气氛，这使新娘惊诧不解、颇有怨言。她看到丈夫总爱在海边定睛伫立、魂不守舍，便生气道："你总去海边，那你就去跟大海一块过日子吧！"一气之下，便离家而去了。妻子的离去，使他陷进了更大的苦恼之中。

一天，有人轻轻地敲他的房门。来了两个人，一位站在门外，另一位妇人进来，轻吻了他的额头，亲切地说："孩子，还认得我吗？"他抬头一看，来的正是他亡友的母亲。"伯母，想不到是您来了！"他惊喜地扑上去。妇人亲切地抚摸着他的头发说："我的孩子，过去了的事情就让它过去吧！我曾经对

你也不够冷静,请你多多原谅!"说着,两行晶莹的泪水无声地流淌在她那苍白的面颊上。"伯母!我的好妈妈!"他再也忍不住了,痛悔和欢喜的泪水尽情地涌出。然而,这已不再是难过的泪水,而是互相谅解的热泪。她冷静了一下,说:"我今天来,是想对你说,我从你身上看到我的孩子还活着。你为他倾注了自己的哀思,我从你的情感中感受到了人生的欢乐。让我们互相谅解吧,让我们如同一家人那样互相体恤吧。我从你妻子那里了解了你的感情,我觉得你是可敬的。但是,我与你、她与你之间还缺乏谅解的精神。现在,我把她找来了,愿你们永远相互体谅,互敬互爱,白头偕老吧!"

　　从此,他心头的忧虑消除了,小夫妻俩和好如初,相亲相爱,他们还把亡友之母接来同住。生活中,谅解可以产生奇迹,挽回感情,谅解犹如一个火把,能照亮由焦躁、怨恨和复仇心理铺就的道路。

　　一位新婚不久的新娘突然在新郎的口袋里发现了一封情书,阅后顿时暴跳如雷、火冒三丈,她感到天昏地暗,心如刀绞,痛不欲生。她感到这个家庭就要完结、消失了。她久久地呆坐在门口椅子上,心中对"背叛了的丈夫"恨得咬牙切齿。他终于出现在她面前了,她立刻如同一枚炸弹似地在他眼前轰然炸开了,她捶胸顿足,号啕大哭,撕打斥骂他。他显然是十分尴尬难堪的。他涨红了脸,竭力使她镇静。待她的怒气稍微缓和些了,他请她坐在床边,冷静地对她说:"亲爱的,请你相信我对你的忠贞吧,我发誓,我对你毫无二心!""那这封信到底是怎么回事儿?""这正是我要向你解释的。这位姑娘是我原来大学里的同学,她曾经向我提出结婚,被我拒绝了。现在,她不知怎么知道我们已结婚了,她气极败坏,于是给我写了这封信,她怀着一颗嫉恨之心,采取了写情书的方式,企图来搅乱我们平静如水的幸福生活,这是什么情书?只不过是一出恶作剧而已！而你却信以为真了。请原谅我吧，亲爱的，我不该对你隐瞒了此事。不过你使我看到了你的诚挚的爱，我也希望能看到你的谅解之心。"说完，新郎拉起了她的手，把一封短信塞在她的手里，说："这是我给她的回信，请看吧。"这封早就写好的短信的字里行间，充满了他对自己妻子的深情厚谊和对新婚欢乐的盛情赞颂。妻子明白了一切，她把这封短信贴在心口上，转怒为喜，转喜为嗔，幸福的笑意又回到了她的嘴边。

谅解的作用，还在于它能唤起失望者对人生的向往和留恋，它可以促使犯错误甚至犯罪的人改邪归正，重新做人。

有一个工人由于在生产的关键时刻意志不坚，马虎从事，造成了重大责任事故，被捕入狱了。在狱中，他受到了应有的惩罚。他后悔莫及，但并没有消沉，反而认清了责任，增强了自信心。快要出狱的前夕，他给厂长写了封信，信中说："我认清了自己的罪过，很对不起大家。我即将出狱重新开始生活了，我将在后天乘火车路过咱们厂。作为工厂原来的职工，我恳切请求您和大家接受我这颗悔过之心。如能偿此愿，敬请您在我路过工厂所在的车站扬起一面旗子，我将见旗下车；否则，我将去火车载我去的任何地方……"他终于出狱了，带着一颗痛悔的心，张着一双迷惘的眼睛。临近车站了，他微微闭上双目，默默地为命运祈祷。他睁开双眼，啊，他看到了什么？莫不是眼花了不成？他使劲揉了揉双眼，看见车站上一些人手里擎着各种彩旗，是他们，是他们，工友们在高声呼唤着他的名字，他们那亲切的声音唤起了他强烈的生活欲望和信心。他没等车停稳，便泪流满面地投入人群之中了。后来，他成了一个优秀的工人。

谅解也是一种勉励、启迪、指引，它能催人弃恶从善，使歧路人走入正轨，发挥他们的潜力。

宽容是一种品质

环境可以改变人,这话一点都不假。在忙忙碌碌的现代社会中,有的人可能变得人不人鬼不鬼,有的人则越来越从善如流,常常被经历的一些人和事影响着,受之感染,越来越觉得宽容是一种难得的品质。不论曾经是否一帆风顺,人在旅途总要碰到一些委屈和不公。先前还愤世嫉俗,疾恶如仇,现在觉得与其那样,不如宽容。

真的,当把眼光调到宽容这个角度后,你会发现,所有的人都是温和的,世间少了好多虚伪和欺诈。

或许有人会说这是自我愚昧和自我欺骗,其实不然。你可以试着把自己当作你所恼恨的人,站在他那个位置想想,或许你会得出这样一种答案:如果我是他,可能我做得还不如他。

在这世上,每个人过得都很不容易,尤其是为人处世原则有很大差异的情况下,各有各的活法,各有各的原则,你不想为别人改变,更不可能改变别人。每个人的世界,都有每个人的辛酸和苦楚。不是同类人是无法体会得到的。所以常常有"物以类聚,人以群分"之说。

既然存在,自有它存在的道理。

因此,我们没有理由用挑剔甚至否定的眼光去评判别人,可以不予理会,但最好是接纳和宽容,哪怕他曾经伤害过你。

有了这样的心态,心里就会充满欣赏和感恩,眼光会变得柔和,周围也会因这样的积极态度而变得轻松和欢快。

把别人当成自己

一位16岁的少年去拜访一位年长的智者。

他问：我如何才能变成一个自己愉快、也能够给别人愉快的人呢？

智者笑着望着他说：孩子，在你这个年龄有这样的愿望，已经是很难得了。很多比你年长很多的人，从他们问的问题本身就可以看出，不管给他们多少解释，都不可能让他们明白真正的道理。

少年满怀虔诚地听着，脸上没有流露出丝毫得意之色。

智者接着说：我送给你四句话。第一句话是，把自己当成别人。你能说说这句话的含义吗？

少年回答说：是不是说，在我感到痛苦忧伤的时候，就把自己当成别人，这样痛苦就自然减轻了；当我欣喜若狂之时，把自己当成别人，那些狂喜也会变得平和中正一些？

智者微微点头，接着说：第二句话，把别人当成自己。

少年沉思了一会儿，说：这样就可以真正同情别人的不幸，理解别人的需求，并且在别人需要的时候给予恰当的帮助。

智者两眼发光，继续说道：第三句话，把别人当成别人。

少年说：这句话的意思是不是说，要充分地尊重每个人的独立性，在任何情形下都不可侵犯他人的核心领地？

智者哈哈大笑：很好，很好。孺子可教也！第四句话是，把自己当成自己。这句话理解起来太难了，留着你以后慢慢品味吧。

少年说：这句话的含义，我是一时体会不出。但这四句话之间就有许多自相矛盾之处，我用什么才能把它们统一起来呢？

智者说：很简单，用一生的时间和经历。

少年沉默了很久，然后叩首告别。

后来少年变成了壮年人，又变成了老年人。再后来在他离开这个世界很久以后，人们都还时时提到他的名字。人们都说他是一位智者，因为他是一个愉快的人，而且也给每一个见到过他的人带来了愉快。

把别人当成自己，理解别人的需求，给予别人帮助。

抗美援朝时期，在一场异常激烈的战斗中，一架敌机正飞速地向阵地俯冲下来，正当班长准备卧倒时，突然发现离他四五米远处有个小战士还在那儿直愣愣地站着。班长顾不上多想，一下子扑了过去，将小战士紧紧地压在身下。一声响过后，班长站起来拍拍落在身上的泥土，正准备教育这个小战士，回头一看不禁惊呆了：刚才自己所处的那个位置被炸成了一个大坑。

还有一个故事，是我在火车上听乘警讲的：有一天深夜，轮到我值班。巡逻时我发现一个小偷正将手伸进一位熟睡乘客的口袋，我大喊一声，立即追了过去。小偷向餐车方向逃跑。我知道，火车正在飞奔，小偷是不敢跳车的，除非他是疯子。我渐渐放慢了脚步，开始用对讲机和餐车那头的乘警联络。可正在这时，火车突然停了。只见小偷迅速地跃上一个敞开的窗口。当时我心想，完了，这家伙要逃掉了。就在他准备跳下去的时候，听到一个孩子———一个蓬头垢面在餐车里捡酒瓶的男孩子的叫声。回头一看，孩子头上鲜血直流，是急刹车时一头撞在车厢上了。小偷犹豫了一下，从窗口跳了下来，一把抱起小男孩奔往医务室。

小偷被我们抓住了，可我说这个小偷真是太幸运了。乘客们不解地问：为什么？乘警的回答使我们浑身一颤：因为火车临时所停的地方，两边是万丈深渊。

在美国波士顿，一座犹太人被屠杀的纪念碑上，刻着一个名叫马丁的德国新教神父留下的一首忏悔诗："起初他们追杀共产主义者，我不能说话；接着他们追杀犹太人，我不是犹太人，我不说话；此后他们追杀工会成员，我继续不说话；最后，他们奔我而来，再也没有人站起来为我说话了。"在人生的漫漫长河中，肯定会遇到许许多多的困难，我们所见到的某人现在的遭遇，极有可能是自己以后某个遭遇的一次提前彩排。但我们是不是都知道，在前进的路上，搬开别人脚下的绊脚石，有时恰恰是为自己铺路，心疼别人，有时就是心疼我们自己。

一杯牛奶

一天，一个贫穷的小男孩为了攒够学费正挨家挨户地推销商品，劳累了一整天的他此时感到十分饥饿，但摸遍全身，却只有一角钱。怎么办呢？他决定向下一户人家讨口饭吃。当一位美丽的年轻女子打开房门的时候，这个小男孩却有点不知所措了，他没有要饭，只祈求给他一口水喝。这位女子看到他很饥饿的样子，就拿了一大杯牛奶给他。男孩慢慢地喝完牛奶，问道："我应该付多少钱？"年轻女子回答道："一分钱也不用付。妈妈教导我们，施以爱心，不图回报。"男孩说："那么，就请接受我由衷的感谢吧！"说完男孩离开了这户人家。此时，他不仅感到自己浑身是劲儿，而且还看到上帝正朝他点头微笑，那种男子汉的豪气像山洪一样迸发出来。

其实，男孩本来是打算退学的。

数年之后，那位年轻女子得了一种罕见的重病，当地的医生对此束手无策。最后,她被转到大城市医治,由专家会诊治疗。当年的那个小男孩如今已是大名鼎鼎的霍华德·凯利医生了,他也参与了医治方案的制定。当看到病例上所写的病人的来历时,一个奇怪的念头霎时间闪过他的脑海,他马上起身直奔病房。

来到病房,凯利医生一眼就认出床上躺着的病人就是那位曾帮助过他的恩人。他回到自己的办公室,决心一定要竭尽所能来治好恩人的病。从那天起,他就特别关照这个病人。经过艰辛努力,手术成功了。凯利医生要求把医药费通知单送到他那里,在通知单的旁边,他签了字。

当医药费通知单送到这位特殊的病人手中时,她不敢看,因为她确信,治病的费用将会花去她的全部家当。最后,她还是鼓起勇气,翻开了医药费通知单,旁边的那行小字引起了她的注意,她不禁轻声读了出来:

"医药费———满杯牛奶。霍华德·凯利医生"

第十二章

热情与活力：释放压抑的内心世界

热情创造奇迹，不奔波就好像没有活着。热情促使人积极行动，热情带来速度和效率。热情是一种积极的心态，心态决定人生。积极的心态给很多人的命运带来转机。怎样运用热情呢？哪些方面需要热情呢？其实，做任何事、任何方面都需要热情。

热情=成功的基因

热情可以说是一切成功的基因。一个人如果对人生、对工作、对事情、对朋友、对事业没有热情，那我看他一定不会有大的作为。正如爱迪生所言："热情是能量，没有热情，任何伟大的事情都不能完成。"年轻人为什么说是社会未来，那就是因为他们有热情。对自己的未来有热情，对社会的未来有热情，对社会的变革、对工作的革新、对生活的提高有热情。热情像一股神奇的力量，吸引着他们。世界上的一切，都在热忱的年轻人手上。

其实，一个人热情与否意味着我们是否能被别人喜爱和接受。这一品质影响着我们的工作和生活的每一个方面。热情不仅有助于你在事业中的形象，还能让你体验生活的美妙情节。如果你多多留心观察身边的人，那些幸福的人都是充满热情、愉快、笑口常开的人。他们都是性格开朗、乐于助人的人。而缺乏热情的人真正的不幸是关闭了工作和生活中幸运的大门。热情的人总是面对朝阳，远离黑暗，不怕困难，即使是危险之际，他们也总是能转危为安。热情像是真、善、美的使者，也像一只吉祥的鸟儿，传递给人们幸运的福音。

热情的源泉来自对工作、对生活的热爱，对朋友、对家人、对社会、对同事的热爱和依赖。为此，我总是对我的同事们讲：爱是一切动力的源泉。爱可以改变一切，爱是热情之母。用积极、博爱和宽容的态度去面对社会，面对工作和生活，这样你周围的人就能体会到你的热情，你的热情也将会引领你走向成功。热情是成功之母，成功者一定充满热情，而失败者一定是丧失了热情。有热情不一定成功，而缺乏热情一定不会成功！

生活需要热情

生活的路很漫长，也很艰辛。在这条坎坷的道路上，多少人毫不回头，把痛苦和失意的脚印丢在身后。平淡的日子是生命走在时间隧道上的一道深深浅浅的印痕，它带给人一份微不足道的满足与欢愉。

走在时间的大道上，偶尔拾起一枚小小的石子投向岁月的河心，溅起一圈涟漪。无知的日子总会给平淡的生活注入些苦涩，让岁月的笑颜渐渐苍白，让人不愿再回首它昔日的动人，唯恐触及心灵深处隐隐作痛的伤痕。不愿长大，是因为不愿让心里的真变为假；多愁善感，是因为生命的美丽也有孤独。多少次，在林立的高楼下，我发现了自己的渺小和无助。虽曾失败，也曾跌倒，但心中也应负起生活的责任——跌倒了爬起来。

生活在轮回的岁月中难免会褪去鲜艳的颜色，剩下的只有责任，一份时时刻刻铭记在心的重任。即使有再多委屈和烦恼，也要用真的笑脸对爱你的人，让他们开心。要得到别人的爱，就得自己先献出爱。用自己的爱去关心和惦记别人，是生活的一份责任。

生活需要热情的追求，也需要热情的滋润。要是人人都有一颗高度的宽恕之心；要是人人都以热情相待，那该有多好，生活就不会有闷闷不乐的一天了。当被误解困扰时，应先从自己身上找原因，再开诚布公地解释，将心比心，误解很快就会消失了。多一份宽恕，就少一份误解。

在百般寂寥的夜晚，晚风带来一丝窗外的清新；抑或在秋日的午后，一片落叶轻盈地飘进我们的窗棂。这些平凡无奇的瞬间，曾给我们多少莫名的欢愉，多少晴朗的思念。带着生活的责任，静看一朝一夕的生命，仿佛那便是一种岁月。简单的逻辑，古朴而沧桑，静静地穿梭在欢笑和悲伤中，不留下任何足迹。潇洒地跟往事挥手，露出微笑，塑造一个崭新的自我，你会发现，生活又是绚丽多彩的。

生活中，让我们负起责任，活得更出色！

人生需要一点疯狂

19世纪晚期，一个响亮的声音在欧洲的上空回响：

"我是什么？我是一颗炸弹，一道闪电，现在我要爆炸，我要闪光，我要惊醒人们的迷梦，就要震颤人们的心灵。……现在我要向世人郑重宣告：上帝死了！上帝为什么会死？因为我——尼采的存在！从此以后，人类的历史不再划分为B·C和A·C——公元前的世纪和公元之后的世纪，人们将会说B·N和A·N——尼采以前的蒙昧时代和尼采以后的启蒙时代。尼采——这个光辉、令人战栗的名字，将取代上帝的名字而铭记在人们的心里。"这是何等狂妄的口气！像个疯子！

他是有些疯狂，可是他成就了自己的成就。

他曾经预言："总有一天，我会如愿以偿，这将是很远的一天。我本人已看不到了，但那时候人们会打开我的书，惊叹我的思想，我会有众多读者。"

他还十分自信地说道："人们将会赞叹，他为什么能写出如此杰出的著作！"

第十二章 热情与活力：释放压抑的内心世界

尼采四处漂泊，一生承受着孤独，他讲"孤独是天才的命运，是强者的伴侣"。他实践了自己的哲学。

人就是要疯狂一点，设置一些疯狂的目标，来激发自己的潜能，焕发出最大的热情，来投入你极大的精力，唤醒无限的智慧。

人要疯狂一点，不要做别人眼中的乖孩子，让你的疯狂来充分燃烧你生命的潜能，把生命的潜能化作无穷的财富和成就，没有疯狂，你就不可能做到这一点。

山西青年农民朱朝辉驾驶摩托车飞跃黄河，成为亚洲的第一飞人。这一成就，就是疯狂的结果。看到柯受良驾驶汽车飞跃黄河，朱朝辉萌发了驾驶摩托飞跃黄河的梦想。就是这一疯狂的梦想唤起了朱朝辉无限的潜能，从一个对飞跃技术一窍不通的青年，到成为亚洲第一飞人。这是疯狂，没有这种疯狂，就没有伟大的成就。

人们的的确确需要疯狂！

多清醒一小时

如果你不能好好照顾自己的身体，那就很难享受到拥有它的快乐。你要经常注意自己是否活力充沛，因为一切情绪都来自你的身体，如果你觉得有些情绪溢出常轨，那就赶紧检查一下身体吧。

休息并不是浪费生命，它能让你在清醒的时候做更多有效率的事。

疲劳会降低身体对一般疾病和感冒的抵抗力。而任何一位心理治疗家都会告诉你，疲劳同样会降低你对忧虑和恐惧感觉的抵抗力。

要防止疲劳和忧虑，第一条规则就是：经常休息，在你感到疲倦以前就休息。这一点之所以重要，是因为疲劳增加的速度快得出奇。

第二次世界大战期间，邱吉尔已六十多岁了，却能每天工作16个小时，他的秘诀在哪里？他每天早晨在床上工作到11点，他看报告、口授命令、打电话甚至在床上召开会议。午饭之后他还要睡一小时。晚上8点的晚餐以前还要在床上睡两小时。他并不是要消除疲劳，因为他根本不用去消除，他事先就防止了。因为他经常休息，所以能很有精神地一直工作到半夜以后。

在短短的一点休息时间里，就能有很强的恢复能力——即使只打5分钟的瞌睡，也有助于防止疲劳。

学会放松

你怎么放松自己呢？你应该从肌肉开始放松。

为了说明得具体一点，我们假定由眼睛开始，先把这一段文字读完，然后向后靠，闭上眼睛，静静对你的眼睛说："放松，放松，不皱眉头，不皱眉头，放松，放松……"你不停地慢慢地重复约一分钟。

是不是发现两眼的肌肉开始听话了？是不是感到有只手把紧张挥走了？不错，这近乎神奇。但就在刚才经历过的一分钟里，你已窥知了自我放松的秘诀与奥妙。这方法同样可用之于颔部、颈部、脸上的肌肉、双肩或整个身体。但是，最重要的器官还是在眼睛。芝加哥大学的艾德蒙·贾可布森博士说过，一旦你放松眼部肌肉，就能忘掉一切忧烦！其理由是：眼睛消耗的能量为全身神经消耗能量的四分之一。故许多视力颇佳的人，常因"眼睛疲劳"而导致视力减退，因为他们增加了眼睛的紧张。

卡耐基提出4个建议帮助你学习如何放松自己：

1. 随时保持轻松，让身体像只旧袜子一样松弛。我在办公桌上就放着一只褐色袜子，好随时提醒自己。如果找不到袜子，猫也可以。见过睡在阳光下的猫吗？它全身软绵绵地就像泡湿的报纸。懂得瑜伽术的人也说过，要想精通"松弛术"，就要学猫。我从未见过疲劳的猫，或精神崩溃、被无法入眠、忧虑、胃溃疡折磨的猫。

2. 尽量在舒适的情况下工作。记住，身体的紧张会制造肩痛和精神疲劳。

3. 每天自省四五次，自问："我做事有没有讲求效率？有没有让肌肉做不必要的操劳？"这会让你建立起放松自己的习惯。

4. 每天晚上再做一次总反省，想想看："我觉得有多累？如果我觉得累，那不是因为劳心的缘故，而是我工作的方法不对。"丹尼尔·乔塞林说过："我不以自己疲累的程度去衡量工作绩效，而用不累的程度去衡量。"他又说，"一到晚上觉得特别累或容易发脾气，我就知道当天工作的质与量都不佳。"如果全美国的商人都懂得这个道理，那么，因"过度紧张"所引起的高血压死亡率，就会在一夜之间下降，我们的精神病院和疗养院也不会人满为患了。

保持充沛活力的方法

如果你希望有个健康的身体，那就得学习正确的呼吸方法。另外一个保持活力的方法，就是要维持身体足够的精力。

—153—

怎样才能做到？我们都知道每天的身体活动都会消耗掉我们的精力，因而我们要适度休息，以补充失去的精力。请问你一天睡几小时呢？如果你一般都得睡上8至10小时的话，很可能多了点，根据研究调查，大部分的人一天睡6到7小时就足够了。还有一个跟大家分享的发现，就是静坐并不能保存精力，这也就是为什么坐着也会觉得疲倦的原因。要想有精力，要"动"才行，研究发现我们越是运动就越能产生精力，因为这样才能使大量的氧气进入身体，使所有的器官都活动起来。唯有身体健康才能产生活力，有活力才能让我们应付生活中的各样问题。由此可知，我们一定得好好培养出活力，这样也才能控制生活里的各样情绪。

第十三章

快乐与幽默：
再苦再累也要笑一笑

要想脸上表现出快乐的样子，并不是说要你不去理会所面对的困难，而是要知道学会如何保持快乐的心情，这样就有可能改变你生活中的许多事情。只要你能脸上常带笑容，就不会有太多的事情引起你的痛苦。

放大自己的快乐

一位年轻的同事因车祸去世了,那天我们去了火葬场为他送行。看着昔日朝夕相处的同事静静地躺在那里,我们都抑制不住地流下了泪水。

回家后,8岁的女儿正在做作业。过去因为工作的匆忙和压力,常常回家后都脱去伪装带回疲惫和不快,女儿看我的眼光总是怯生生的。今天看到她,想起英年早逝的同事,心里竟有了一种为活着而幸福的温馨。我态度温和地问起女儿的学习。女儿放下手中的作业,先是有问有答地回答我,过了一会儿就依偎在我的身边和我谈起了她班里的事情。看着女儿认真的小脸,我的心里突然有了一种从未有过的热乎乎的感觉。

吃过晚饭,我正坐在电脑前浏览网页,不知什么时候女儿调皮地站在我身后的椅子上,两只小手交叉地轻轻挽住我的脖子,脸贴在我的脸上,一本正经地问我:"爸爸,和你谈谈好吗?""行,说吧。"我把手从鼠标上移开。"爸爸,你以后要天天这样多好啊。"女儿说。我的眼睛一下湿热了。过去我从未认真想过自己在女儿心中的形象,总以为她是小孩子,还不懂事。我拍了拍她的小手,认真地说:"爸爸答应你,以后永远都快快乐乐的。"我郑重地向女儿承诺。

转眼大半年过去了,这期间由于单位不景气我也曾一度有些消沉,但每次回到家,总是牢记对女儿的承诺,把快乐带回家。这个周末,女儿兴冲冲地回到家,告诉我们她被同学们选上了班长,并笑着问我:"爸爸,有奖励吗?"我说:"当然有,第一个奖励是咱们都再接再厉,保持咱家的快乐;第二个嘛,今天我请客,下馆子去!"

人生不如意事十常八九。的确,活在这个世上,人总会被这样那样的压力困扰着,如果我们天天忧心忡忡、度日如年,美好的生命将黯然失色。来到这个世上,我们应该为活着高兴,要有快乐活着的勇气。

自己握住快乐的钥匙

周末全家快乐地去麦当劳店吃早餐,我负责排队买早餐,老婆和孩子则上楼找位子。

我前面只站了一个人,心想5分钟之内一定就可买到。没想到服务生是位新手,频频出错,眼看旁边的几排队伍都移动得很快,比我晚到很久的客人都端着食物走了,而我前面的顾客却一动不动,我开始有些不耐烦了。等到终于轮到我时,我所要的其中几样东西又需等5分钟。老婆等得有些疑惑,跑下来看个究竟,顺便把一些点好的食物端上楼。我继续站在柜台前等候,看看表,从进门到现在,已等了25分钟,太离谱了吧!搞什么啊?

我感到心跳有一点加速,血往上涌,没错,是生气的前兆。

想想今天是和家人享受轻松假期的日子,怎可让一位没有经验的服务生破坏心情呢?

当下我做了个明确的决定,就是拒绝让任何人或环境左右我的情绪，自己握住"快乐的钥匙"。等服务生把汉堡递给我时，我对她灿烂一笑说："谢谢！"然后转身以愉快的心情迎向家人。

我们每人心中都有把"快乐的钥匙"，但我们却常在不知不觉中把它交给别人掌管。

一位女士抱怨道："我活得很不快乐，因为先生常出差不在家。"她是把快乐的钥匙放在她的先生手里了。

一位妈妈说："我的孩子不听话，让我很生气！"她是把快乐的钥匙交在孩子手中了。

男人可能说："上司不赏识我，所以我情绪低落。"这把快乐钥匙又被塞在老板手里了。

婆婆会说："我真命苦！我的媳妇不孝顺。"

年轻人从新华书店走出来说："那里的服务态度恶劣，把我气炸了！"

这些人都做了相同的决定，就是让别人来控制他们的心情。

当我们容许别人掌控我们的情绪时，我们便觉得自己是受害者，对局势无能为力，抱怨与愤怒成为我们唯一的选择。我们开始怪罪他人，并且传达给自己一个讯息："我这样痛苦，都是你造成的，你要为我的痛苦负责！"

此时我们就把这个重大的责任交给了周围的人，就是要求他们使我们快乐。我们似乎承认了自己无法掌控自己，只能可怜地任人摆布。

这样的人使别人不喜欢接近，甚至望而生畏。

一个成熟的人会握住自己的快乐钥匙，他不期待别人施予他快乐，反而能将快乐与幸福带给别人。

成熟的人情绪稳定，为自己负责，和他在一起是种享受，而不是压力。

你的快乐钥匙在哪里？在别人手中吗？快去把它拿回来吧！

生产快乐

一般字典上对"快乐"下的定义多半是：觉得满足与幸福。德国哲学家康德则认为："快乐是我们的需求得到了满足。"的确，快乐是一种美好的状况，也就是没有不好或痛苦的事情存在，你觉得个人及周围的世界都挺不错。你该如何才能获得它呢？

1. 主动寻觅、用心追求才能得到

追求快乐之道，有一个大前提：那就是要了解快乐不是唾手可得的，它既非一份礼物，也不是一项权利，你得主动寻觅、努力追求，才能得到。当你领悟出自己不能呆坐在那儿等候快乐降临的时候，你就已经在追求快乐的路途上跨出一大步了。怎么样？感觉不坏吧？先别乐，等你走完其他九步之后，你就必能到达快乐的真正境界。

2. 扩大生活领域、尝试新的事物

当你肯尝试新的活动，接受新的挑战的时候，你会因为发现多了一个新的生活层面而惊喜不已。学习新的技术、开拓新的途径，都可以使人获得新的满足。可惜许多人往往忽略了这一点，平白丧失了使自己发挥潜能、获取快乐的良机。

许多人以为自己应该等待一个适当的时机，以稳当的方法去开拓前程。这种想法未免过于保守，因为那个适当的时机可能永远不会到来。任何人的生命都不是精心设计、毫无差错的电脑程式，所以应该有准备迎接挑战的勇气。

3. 天下所有的事情并非只有一个答案

追求快乐的途径很多，不光是只有你死心眼认定的那一个。一般人往往认为自己这一生只能成功地担任一种工作，扮演一个角色，甚至以为如果不能得到或办到这一点就永远不会快乐，这种想法未免太狭隘了。不能达成目标固然痛苦，可是这并不表示你从此就与快乐绝缘了，除非你自己要这样想。

对事物应采取弹性的态度，不要冥顽不灵，记住任何最好的事都不一定只有一个。当然这并不是要你放弃实际、可行、梦寐以求的目标，而是鼓励你全力以赴，使梦想实现。

4. 敢于追求梦想与希望

萧伯纳有一句名言："一般人只看到已经发生的事情而说为什么如此呢？我却梦想从未有过的事物，并问自己为什么不能呢？"年轻人尤其应该有梦想、有希望，因为奋斗的过程和达成目标一样，都能使人产生无比的快乐。你要有勇气梦想自己能成为一位名医、明星、杰出的科学家或作家，而且要全力以赴，奔向理想。

当然你的梦想要合理和具体可行，不要好高骛远，空做摘星美梦。比如你天生一副乌鸦嗓子，就别梦想变成画眉鸟！还有，你要记住，就算你无法达到这个目标也并非世界末日。布朗宁曾说："啊！如果凡人所梦想的都唾手可得，那还要有天堂干吗？！"

5. 只跟自己比，不和别人攀

从我们懂事以后，我们就感受到"成就"的压力，这种压力随着年龄的增长愈来愈强烈。因此年轻人处处想表现优异，以为自己非得十全十美，别人才会接纳自己、喜欢自己。一旦发觉自己处处不如人时，就开始伤心、自卑，结果当然毫无快乐可言。

所以你应该用自己当衡量的标准,想想当初起步错在哪里?如今有无进展?如果你真的已经尽了力,相信今天一定会比昨天好,明天比今天更好。

6. 关心周围的人、事、物

假如你对某些人、事、物很关心的话,你对生命的看法一定会大大地改观。如果你只为自己活,相信你的生命就会变得很狭隘,处处受到局限。自我中心的人也许会不断地进步,但是却永远不易感到满足。

那么你应该关心什么?关心谁呢?我们虽然平凡,至少可以帮忙学童上下学,为病人念念书,到老人院打打杂,甚至把四周环境打扫干净……只要付出一点,你就会快乐些。心理学家艾力逊曾经说过:"只顾自己的人结果会变成自己的奴隶!"可是关怀别人的人,不但能对社会有所贡献,更可以避免只顾自己,而过着枯燥乏味、毫无情趣的生活。

7. 不要太自信,也不能无信心

过分乐观的人总以为自己一定能达成所有的目标,因而忽略了沿途的险恶,极端悲观的人老是认为成功的希望非常渺茫,不敢迈步向前。这两种人都因此失去了许多机会。

选定目标时,态度要客观,判断要实际,不要太有把握、掉以轻心,也不可缺少信心、畏首畏尾。

8. 步调太急时要放慢一点

你可能从早到晚忙这忙那,像个陀螺似地团团转。可是当你停下来思索片刻时,会不会觉得不太舒服,不够满意呢?许多人因为害怕面对空虚,就用很多琐事把时间填满,结果使生活的步调绷得太紧,反而得不到真正的快乐。

把你所做的事全列出来,看看哪些是可以删除的,如此你才能挪出一点空闲的时间，好好轻松一下。对于忙碌的你来说，闲暇也像一件奢侈品，可以使你感到满足。

9. 脸皮可以厚一点

根据专家调查研究，使人觉得满足的特点之一就是不要太在乎别人的批评，换句话说就是脸皮要厚一点。不要因外来的逆流而屈服。不要因为别人的冷言冷语就伤心气愤，以为自我受了莫大的伤害。不过你倒是应该心平气和地反省一下，如果别人的批评是正确的，你就该改进。如果批评是不公正的，何不一笑置之呢？也许刚开始，你不太能掌握住应付批评的对策，因为你也许会很敏感，难免会有情绪上的反应，可是你要练习控制自己，这种技巧是终生受用不尽的。

快乐的滋味如人饮水，因人而异。能使别人快乐的事物不一定能使你快乐，唯有你自己才知道该如何去追求快乐。可是记住：千万别守株待兔哦！快乐是只狡猾的兔子，你得努力用心去追寻才能得到啊！

10. 快乐不是没有烦恼

每个人都有烦恼，但并非人人都不快乐。快乐也不依赖财宝，有些人只有很少的钱，但一样快乐。也有些人身家丰厚，但也不见得终日笑口常开。人们能否一生都保持快乐，愉快地生活呢？

幽默锻炼情绪肌肉

如果公司邀请专家来进行演讲，台上的人兴致盎然地跟台下热烈互动，正进行到一半，麦克风却忽然没有了声音，现场

第十三章 快乐与幽默：再苦再累也要笑一笑

的气氛就这么戛然而止，留下一片愕然。

然而音响设备屡修屡坏，无法短时间内修好。这下麻烦了，面对大伙儿的眼神，身为主管的你，会怎么反应呢？

可能一些主管会立刻铁青着脸，开始大声斥责下面的人事先准备不周，甚至大声地追究着："这个设备是谁负责维修的？"这样的话，气氛更是雪上加霜。

让我们来看看在全世界做过讲师的陆总是怎样处理的。

陆总先确定了用麦克风沟通无望后，就走出了会场。不一会儿他又回到现场，脸上挂着顽皮的微笑，肩上则背了一个在户外广播才会用到的随身大喇叭。全场一片哄堂大笑，讲师也心领神会，开心地接过大喇叭，把喇叭对准了远方，开始激昂地大声广播："亲爱的共军弟兄们，请别再破坏我们的通信设备了，你们已经被包围，快投降吧！"

顿时，全场爆笑，讲师自己也忍不住笑弯了腰，并转身向陆总眨了眨眼睛，谢谢他，激活全场幽默响应的心理能量。

事实上，在职场中，幽默感是最好的情绪防弹衣，也是永不生锈的情绪发动机。拥有良好幽默能力的人，就有办法彻底发挥情绪效能，创造亮眼的绩效及表现。

你我当然都喜欢跟幽默的人一起工作，因为他们很有趣。然而就情绪智能的角度而言，幽默感的功用绝不仅此而已，幽默可是个深厚的情绪艺术，可以达成多项职场的情绪任务。

1. 化解冲突

幽默感能帮助我们辨识任何情况中的喜剧潜力，因而用嬉笑代替怒骂，化解对峙的紧绷。

例如，有位乘客在机场的航空公司柜台大发雷霆，为了班机因天气原因延迟起飞而对着地勤人员发脾气，并高声要求该负责的主管出面说明。"没问题，我帮您转接负责的主管。"这位被骂得狗血淋头的职员微笑着拿起了电话拨号，接着他对

-163-

着电话说:"亲爱的上帝,我们有乘客不满意您的服务,您要不要亲自对他做个说明呢?"

哈!这个上帝级的幽默当然就摆平了客户的怒气。

2. 应付压力,度过低潮

幽默感需要的是一种嬉戏的心理架构,它让我们能在任何挫折中发现勇气及希望。而这其中的秘诀,就在于跳出自己的角色,用第三者旁观的眼光来看待自己的处境。

例如,跟老板闹翻而失业了,有人气急败坏,有人却能轻松跳开:"我一直嚷嚷着想要放长假而不知如何向老板开口,现在终于知道了,原来对老板大吼大叫就会如愿以偿!"

3. 联系团体

幽默感在工作团队中还有项重要的功能——增加团队凝聚力。因为幽默感之所以能发挥成效,首先得要团体中的成员能理解这个笑话(否则就成了冷笑话啦),而这个互相理解思路转折,互相分享情绪变化的经验,会让大伙儿在哈哈大笑后感觉彼此变得更信任,更愿意坦白,也更能随和相处。所以,有幽默感的工作团队,会有较佳的团体生产力。

4. 帮助学习、增加创意

另外,心理学上的研究发现,懂得幽默而时时发笑的人在学习时效果极佳,而其解决问题的创意也特别灵活丰富。脑筋不打结,升迁之事当然也就畅通无阻了。

除此之外,幽默的笑声对我们的身心健康都有极大的助益,它能舒缓神经系统,提高免疫力,降低压力激素,并让皮肤看来弹性光亮。

5. 布置自己的"happy办公桌"

用笑意来装点自己的工作环境,让自己抬头就看到有趣的图片,一转身就瞧见爆笑的话语。只要用心收集,这些充满智能的提醒就如同心理维他命,会随时挑逗你的幽默能力。

6. 营造愉悦的公共空间

别忘了要让幽默能量渗透到公共空间，可以在洗手间、茶水间、会议室和等候室等等。例如，交通银行营业厅总是贴着几则恰到好处的笑话，播放猫和老鼠的动画片，赶走客户等候的不耐烦，也成了大家的期待，就是个幽默高招。

7. 录制个人的搞笑留言

打电话却找不到人，容易让人产生失望（甚至焦虑），所以关心他人情绪的你至少可以做的是，让对方跟你的电话录音机说话时有个愉悦的情绪，录制问候语时，请试着用愉快的声音说话，并挥洒一些幽默气氛。

幽默是精神家园的支撑力

维持精神家园的灿烂阳光，摆脱沮丧悲观、烦恼惆怅的郁闷情绪，幽默感可以让你做得到。

人们对生活应抱着幽默的态度，要淡化苦难，苦中求乐，在失望时看到希望，"猝然临之而不惊，无故加之而不怒"，保持平和心境。做到了这些，你的精神之树就会常青，你心中的信念长城就不至于颓然倒地。幽默可以给人们精神家园以强大的支撑力，使人们在苦乐交加、曲折变幻的人生道路上百折不挠，享受到真正的人生价值。

在死亡面前，丘吉尔幽默地说："我已经准备好去见上帝，可上帝准备了什么来见我呢？"法国革命家丹东就义前大声喊道："把我的头拿去吧！我的头是值得一看的。"美国小说家欧·亨利临终前则说："把灯全点上吧，我不想在黑暗中回老家去。"

面对死亡,这些智者尚且能保持超然、幽默的头脑,这该是多么非凡的气度啊!

前苏联学者阿诺欣院士说:"我们应该学会用幽默锻炼我们的情感,就像锻炼肌肉一样。"契诃夫也曾告诫人们:"朋友,要是火柴在你的衣袋里烧起来了,那么你应当高兴,而且感谢上帝,多亏你衣袋里不是火药库。要是你手指头扎了一根刺,那你应当高兴,挺走运,多亏这根刺不是扎在眼睛里……"

幽默感的心理调节功能

幽默常会给人带来欢乐,其特点主要表现为机智、自嘲、调侃、风趣等。确实,幽默有助于消除敌意,缓解摩擦,防止矛盾升级,还有人认为幽默能激励士气,提高生产效率。美国科罗拉多州的一家公司通过调查证实,参加过幽默训练的中层主管,在9个月内生产量提高了15%,而病假次数则减少了一半。测验证明了沉闷乏味的人和具有幽默感的人是幽默感心理调节功能和作用引起差异。

1. 智商

经多次心理测验证实,幽默感测试成绩较高的人,往往智商测验成绩也较高,而缺少幽默感的人其测试成绩平平,有的甚至明显缺乏应变能力。

2. 人际关系

具有幽默感的人,在日常生活中都有比较好的人缘,可在短期内缩短人际交往的距离,赢得对方的好感和信赖。而缺乏幽默感的人,会在一定程度上影响交往,也会使自己在别人心目中的形象大打折扣。

3. 工作业绩

在工作中善于运用幽默技巧的人，总是能保持一个良好的心态。据统计，那些在工作中取得成就的人，并非都是最勤奋的人，而是善于理解他人和颇有幽默感的人。

4. 对待困难的表现

幽默能使人在困难面前表现得更为乐观、豁达。所以，拥有幽默感的人即使面对困难也会轻松自如，利用幽默消除工作上带来的紧张和焦虑；而缺乏幽默感的人只能默默承受痛苦，甚至难以解脱，增加了自己的心理负担。

幽默是心灵除皱剂

幽默是英文 humour 的音译，它是一个美学名词。幽默感则是心理学上的名词。

1. 摆脱困境消除烦恼

幽默感的一个主要作用是使你在艰难困苦、诸事不利的境况下，或者遇到猝发事件时，能保持心理上的稳定，从而确保你能冷静地、合情合理地对自己面临的状况或事件作出正确和恰当的处理。

杰出的英国戏剧家萧伯纳的名字几乎与幽默成为同义词了。一天，年迈的萧伯纳在街头被一个骑自行车的人撞倒，虽然没有发生事故，但这一惊吓也非同小可。那个人立即扶起戏剧家，并不住地向他道歉。然而，萧伯纳打断了他，对他说："不，先生，您比我更不幸。要是您再加点劲儿，那就可作为撞死萧伯纳的好汉而永远名垂史册啦！"

幽默感给了萧伯纳以惊人的自制力。萧伯纳的这句幽默话使双方都摆脱了困境。

　　美国小说家马克·吐温的机智幽默同他的小说一样，也享有盛名。有一次，他去某小城，临行前别人告诉他，那里的蚊子特别厉害。到了那个小城，正当他在旅店登记房间时，一只蚊子正好在他眼前盘旋。那个职员面露尴尬之色，忙驱赶蚊子。马克·吐温却满不在乎地对职员说："贵地的蚊子比传说中的不知聪明多少倍。它竟会预先看好我的房间号码，以便夜晚光顾，饱餐一顿。"大家听了不禁哈哈大笑。结果这一夜马克·吐温睡得十分香甜。原来，旅馆全体职员一齐出动，想方设法不让这位博得众人喜爱的作家被"聪明的蚊子"叮咬。

　　一个人的语言可以像优美的歌曲，也可以像伤人的利剑。幽默机智的话能使人产生喜悦满足之感，令人久久难忘。因此我们可以说，幽默的作用之一是在无法令人满意的情况下使人产生满足感，保证情绪的稳定，不致说出伤人的言语或做出过激的行动。

2. 交往中的润滑剂

　　心理学家们认为，除了认识和劳动之外，交际是形成人的个性的重要活动。

　　幽默，从某种意义上讲，是人与人交往中的润滑剂，它可以使人们的交际变得更顺利、更自然。

　　下面这样的情况在生活中是屡见不鲜的：某人打算向自己的朋友提出一个要求，但不知道对方能不能应允。当然，这一要求一旦被对方拒绝，定然令人难堪，甚至会危及多年的友谊。而幽默往往是解决这种令人困窘局面的最好办法。也就是说，他应该以开玩笑的方式提出自己的要求。如果那个熟人由于种种原因不可能或者不愿意满足这一要求，他可以同样以开玩笑的方式婉转地予以拒绝。

这样，任何一方都不会感到为难或自尊心受到损害。如果以幽默的方式所提出的要求为对方所应允了，那么，两人经过半开玩笑的一番交谈以后，便可转入严肃认真的讨论。这时幽默作为一种不得罪人的"侦察方式"，起到了试探作用。

幽默能稳定集体的情绪，特别是当一个集体正酝酿着一场冲突时。这时，恰到好处地说几句幽默风趣的话能缓和紧张的气氛，使剑拔弩张的情绪平稳下来。

著名的挪威探险家图尔·赫伊叶尔达勒在为"野马号"挑选乘员时，就十分注意他们是否有足够的幽默感。

他曾经这样写道："狂暴的寒风、低沉的乌云、弥漫的雨雪，与六个由于性格不同、主张不一而可能出现的威胁相比，只是较小的危险。我们六个人将乘坐木筏，在汹涌的海面上漂流好几个月。在这种条件下，开开有益的玩笑，说几句幽默的话，对我们来说，其重要性绝不亚于救生圈。"

3. 教育的重要助手

幽默在教育过程中可以起到十分有效的作用。

男孩子往往喜欢显耀自己的大胆，特别是在同学面前，他们有时会故意破坏规定或以异常行为来激怒教师和长辈。在教育这样的孩子时，如果一味采取"硬碰硬"的训斥方式，只会使他变得更强横，甚至蛮不讲理。

因为他会错误地认为，这是对他胆量的"考验"，并且也正是他表现自己"什么都不怕"的大好机会。遇到这种情况，最好的方法是借助于幽默，即以影射、讽喻、双关等方式，以轻松的口吻，指出他行为的乖张和不通情理之处，在善意的嬉笑声中让他发觉这种"英雄行为"只是使他处于一种可笑的境地。这样不仅可以改变僵局，而且能使他知道自己的行为是不可取的。

苏联著名诗人米哈依尔·斯维特洛夫是一个十分聪明且富

幽默感的人。他在教育方面也做过十分有趣的记述：

"我一直认为，教育家最主要的也是第一位的助手是幽默。不应该总是用斥责或惩罚的办法来对待犯了错误的孩子，而应该更多地进行善意的嘲讽。不要让孩子老是担心受处罚，而要使他们在看出自己的谬误的同时破涕一笑。

"孩子几乎都有这样一种特性——破坏大人做出的规定。有一天，我回到家里，发现全家慌作一团，老祖母正在打电话给急诊所，原来是我们最小的孩子，家中的宠儿舒拉喝了墨水！

"你真的喝了墨水？我问舒拉。他得意地坐在一旁，一本正经地伸出舌头，上面还留有蓝墨水的颜色。我看了一下，走进自己的书房，拿出吸墨水纸来。

"真傻，我说，你怎么会想到喝墨水的！现在没有办法啦，只有把这些难吃的吸墨水纸使劲在嘴里嚼……

"一场虚惊就这样在一种嬉笑的气氛中结束了。

"舒拉以后再也没有做过类似这种事情。如果当时真的用救护车把他送往急诊所，他会感到自己成了中心人物，这正中他的下怀，今后类似的事件还会接踵而来。现在这样的结局与他想象的适得其反：由英雄而变成了丑角。这对他是一次难忘的教训。"

怎样培养幽默感

显而易见，幽默感有助于身心健康。因此，要善于培养幽默感，如有机会可参加专门的幽默训练，但更重要的还是从自我心理修养和锻炼出发来提高自己。

1．释放心襟，开阔心胸。不要对自己有不切实际的过高要求，不要过于在意别人对自己的看法，学会善意地理解别人，正确地认识自我，不论在什么样的环境中总是保持一种愉悦向上的好心情。

2．主动交际，缓解压力。交往是人的本能行为，主动扩大交际面，有利于缓解工作压力。在人际交往中，使自己的交际方式大众化，与人为善，主动帮助他人，从中获得人生乐趣。

3．幽默就是力量。如果在交往中逐步掌握了幽默技巧，就会巧妙地应付各种尴尬的局面，很好地调节生活，甚至改变人生，使生活充满欢乐。

4．掌握幽默的基本技巧。带着笑容思考，把快乐带给别人，自己必然也能从中收获快乐。时刻以快乐的心情拥抱生活，就连思考时也面带笑容，便会自然而然地产生幽默感。

5．必要时先"幽自己一默"，即自嘲，开自己的玩笑。

6．突发奇想地转换思维，打破墨守成规的习惯，很容易引发幽默。试着换一种思维方式或做出令人意外的举动，或是改变谈话的先后顺序。发挥想象力，把两个不同事物或想法连贯起来，以产生意想不到的效果。

7．提高语言表达能力，注重与形体语言的搭配和组合。

8．养成每时每刻准备发挥幽默的习惯。经常记一些有趣的故事并加以润色，使之成为自己独特的小幽默。

9．循规蹈矩的语言或行动方式是不能引发幽默的。幽默是对习惯的一种偏离，突然转换话题或夸张的表演自然会引人发笑，精心设计的故意失误也会令人捧腹。

有位年轻人，一面查看那辆崭新摩托车被撞后的残骸，一面对周围的人说："唉，我以前总说，有一天能有一辆摩托车就好了。现在我真有了一辆车，而且真的只有一天。"周围的人哈哈大笑起来。对这个年轻人来说,车被撞已无可挽回,但他并没有看得很重,而是利用幽默的力量,既减轻了自身的痛苦和不愉快,又给围观的人带来了一片欢乐。

第十四章

弯曲与自信：
放下重负，自信坚强

有的时候，你的情绪要多一点变通，该示弱的时候示弱，该自信的时候自信。只有这样，你才能调整好自己的状态，一步一步朝着成功迈进。

弹性生存

要保证任何一件事能够成功，保持弹性的做事方法绝不可少。要你选择弹性，其实也就是要你选择快乐，在每个人的人生中，都必然会遇到诸多无法控制的事情，然而只要你的想法和行动能保持弹性，那么人生就能永葆成功，更别提生活会过得多快乐了。芦苇就是因为能弯下身，所以才能在狂风肆虐下生存，而榆树就是想一直挺着腰杆，结果为狂风吹打。

加拿大魁北克有一条南北走向的山谷。山谷没有什么特别之处，唯一能引人注意的是它的西坡长满了松、柏、女贞等树，而东坡却只有雪松。

这一奇异景色之谜，许多人不明所以，然而揭开这个谜的，竟是一对夫妇。

那是1993年冬天，这对夫妇的婚姻正濒于破裂的边缘，为了找回昔日的爱情，他们打算作一次浪漫之旅，如果能找回就继续生活，否则就友好分手。他们来到这个山谷的时候，下起了大雪，他们支起帐篷，望着漫天飞舞的大雪，发现由于特殊的风向，东坡的雪总比西坡的大且密。不一会儿，雪松上就落了厚厚的一层雪。不过当雪积到一定程度，雪松那富有弹性的枝丫就会向下弯曲，直到雪从枝上滑落。这样反复地积，反复地弯，反复地落，雪松完好无损。可其他的树，却因没有这个本领，树枝被压断了。

妻子发现了这一景观，对丈夫说："东坡肯定也长过杂树，只是不会弯曲才被大雪摧毁了。"

少顷，两人突然明白了什么，拥抱在一起。

生活中，我们承受着来自各方面的压力，积累着终将让我们难以承受。这时候，我们要像雪松那样弯下身来，释下重负，才能够重新挺立，避免被压断的结局。

弯曲，并不是低头或失败，而是一种弹性的生存方式，是一种生活的艺术。

有一种美丽叫做"退"

曾读过一个故事：一个欧洲商人在太平洋的一座小岛上发现一个老者手编的草帽很漂亮，每顶售价 20 比索。商人想倒一些到欧洲去卖，便问老者如果一次买一万顶，每顶可以便宜多少。老者却答：每顶还要多加 10 比索，因为编一万顶相同的帽子会让我乏味而死。

我真是爱极了这个老人，他用近乎天籁的声音，对自以为是的商业法则说了一声"不"。

有一种人，他们取舍生活的主要依据不是得与失，甚至不是世俗意义上的对与错，人生指南里只有美与丑、泪水或者麻木之类的路标，他们不一定能抵达所谓的成功，但胸腔里永远装满了感动与幸福。

他们和大众最大的区别在于：大众习惯于用大脑指导人生，而他们，更喜欢用心脏生活。

约翰·洛克菲勒是美孚石油的创始人，他的名望不光是钱财，还包括健康与长寿。

洛克菲勒早年屡弱多病，后来变得身体健康，心胸豁达，颇具传奇性。这其中适时而"退"帮了他的大忙。他也因这一"退"而"退"出了人生的另一道风景。

与众多创业者一样,洛克菲勒经历了许多艰辛,身心都做了超前的付出,使他52岁时就身患多种疾病,无力正常工作。是继续"搏"还是马上"退"?在权衡利弊之后,洛克菲勒听从医生的忠告,选择了后者。他给自己重新定位,调整了与公司间的关系,随后到大自然中静心颐养,逐渐恢复了健康,一直活到92岁才去世。谈到"退",洛克菲勒感受颇多,认为这是他人生的转折和生命的重新开始。

在人的一生中,要面临诸多"搏"与"退"的选择。怎样跨过这道坎儿,关键在于量力而行。如果精力确实不济,那就不妨学一学洛克菲勒。也许你才华横溢,退下来,心不甘、情不愿,但你要记住,世界上有两种东西最宝贵:一是青春,二是健康。如果说前者没法留住,后者却有自己把握的余地。

"退"能让你品味到生活的芬芳,"退"能让每一天都变得阳光灿烂,有滋有味……

山不过来我过去

伊斯兰教的先知穆罕默德,带着他的40门徒在山谷里讲道,他说"信心"是成就任何事物的关键。也就是说,人有信心,便没有不能成功的计划,一位门徒对他说:"你有信心,你能让那座山过来,让我们站在山顶吗?"穆罕默德对他的门徒满怀信心地把头一点,对山大喊一声:"山,你过来!"山谷里响起了他的回声,回声终于消失,山谷又归于宁静。

大家都聚精会神地望着那座山,又望着穆罕默德。

这个时候,穆罕默德说:"山不过来,我们过去吧!"

第十四章 弯曲与自信：放下重负，自信坚强

他们开始爬山，经过一番努力到了山顶，他们因信心促使希望实现而欢呼。

有一位著名的经济学教授，凡是被他教过的学生，鲜有顺利拿到学分的。原因出在教授平时不苟言笑，教学古板，分派作业既多且难，学生们不是选择逃学就是浑水摸鱼，宁可被罚，也不愿多听老夫子讲一句。但这位教授是国内首屈一指的经济学专家，叫得出名字的几位财经人才都是他的得意门生。谁若是想在经济学这个领域内闯出一点儿名堂，首先得过了他这一关才行！

一天，教授身边紧跟着一名学生，二人有说有笑，惊煞了旁人。后来，就有人问那名学生说："干吗对那种八股教授跟前跟后地巴结呀！你有一点儿骨气好不好！"那名学生回答："你们听过穆罕默德唤山的故事吗？穆罕默德向群众宣称，他可以叫山移至他的面前来，等呼唤了三次之后，山仍然屹立不动，丝毫没有向他靠近半寸；然后，穆罕默德又说，山既然不过来，那我自己走过去好了！教授就好比是那座山，而我就好比是穆罕默德，既然教授不能顺从我想要的学习方式，只好我去适应教授的授课理念。反正，我的目的是学好经济学，是要入宝山取宝，宝山不过来，我当然是自己过去喽！"

后来这名学生果然出类拔萃，毕业后没几年，就成为金融界响当当的人物，而他的同学，都还停留在原地"唤山"呢！

想想我们所面对的人生，唤山不来怎么办呢？其实，随着外在环境的变化而调整适应能力，要比一厢情愿地抛出自我的呐喊等待回响来得有智慧多了。能这样认知的人，他的生活一定过得多彩多姿。

当做任何尝试都无法再改变什么的时候，不妨学着适应。有时，一种来自适应后的融入，反而更能激发出生命的潜能。

等到你具备了一定的条件与能力时，该适应你的，自然就会臣服了。

山不过来，我们过去吧！

自尊的弹性

现在社会中，我们谈事时，都要谈到一个度的问题，今天提到自尊，也是如此。打个比方，我们在学物理时，老师曾讲到了弹性：任何具有弹性的物体，都要有一个弹性区间，无论伸张或是压缩，都要在此区间之内，否则我们看到的只会是变形吧！在心理学中，我们把自尊定义为一种精神需要，也就是人格的内核。维护自尊是人的本能和天性，当然这里也要有一个度，一个弹性的区间。为人处世若毫无自尊，脸皮太厚，不行；反过来，自尊过剩，脸皮太薄，也不好。正确的原则是：从实际的需要出发，让自尊心保持一定的弹性。

谈到自尊，从思想上认清自尊的需要和交际的需要，辨清两者之间的关系是非常重要的。过于自尊的人，总是把自尊看得很重，这时请你把看问题的立足点变一下，不要光想着自己的面子，还要看到比这更重要的东西，比如事业、工作、友谊等。还要提醒你一点的是，要坚持把实现实际的宗旨看得高于自尊，让自尊服从交际的需要。这样你对自尊才会有自控力，即使受到刺激，也不至于脸红心跳，甚至可以不急不恼，哈哈一笑，照样与对手周旋，表现出办不成事绝不罢休的姿态，成为交际的赢家。

在交际过程中，审时度势，准确地把握自尊的弹性，才会达到最佳的交际效果。想一想，我们是否要注意以下几点：

1. 在交际场上受到冷遇时，你的自尊心会面临着挑战，这时的你千万别发作，不妨多想一想你的使命、职责，为了完成任务，迅速加强自尊的承受力。

2. 满心希望他人肯定你花了很大的心血做的那件自认为很不错的事情，偏偏得到的是全盘否定。这时的你肯定会受到强烈的刺激，但为了挽回面子，进行辩解、反驳，甚至是争吵，这就大错特错了。因为这样维护自尊、面子，只会使事情更糟，倒不如接受这个事实，效果可能更好一些。

3. 当你受到批评时，特别是当众挨批评更是难为情，自尊心一定受不了。此时的你要对批评能够正确理解，应采取虚心的态度，这不但不会丢面子，反而会改变他人的看法，给对方留下一个好印象。有时，批评的内容不实，有些偏颇，而批评者又处在特别的地位。这时如果你受自尊心的驱使，当场反击，效果肯定不好。理智一些，不要当场反驳，事后再进行说明，这种处理较为有利。

4. 还有个小窍门，维护自尊时，脸皮不妨厚一点，这并不是不要尊严，而是要把握适当的度，保持最佳弹性空间。

相信自己

有一位顶尖级的杂技高手，一次，他参加了一个极具挑战的演出，这次演出的主题是在两座山之间的悬崖上架一条钢丝，而他的表演节目是从钢丝的这边走到另一边。

演出就要开始了，整座山聚满了观众，当中有记者、主办单位、赞助商和看热闹的人群。这时，只见杂技高手走到悬在山上钢丝的一头，然后用眼睛注视着前方的目标，并伸开双臂，

别输在情绪掌控上

一步、两步、三步……杂技高手终于顺利地走了过去,这时,整座山上都响起了热烈的掌声和欢呼声。

"我要再表演一次,这次我要绑住我的双手走到另一边,你们相信我可以做到吗?"杂技高手对所有的人说。我们知道走钢丝靠的是双手的平衡,而他竟然要把双手绑上。但是,因为大家都想知道结果,所以都说:"我们相信你,你是最棒的!"杂技高手真的用绳子绑住了双手,然后用同样的方式一步、两步终于又走了过去,"太棒了,太不可思议了。"所有的人都报以热烈的掌声。但没想到的是杂技高手又对所有的人说:"我再表演一次,这次我同样绑住双手然后把眼睛蒙上,你们相信我可以走过去吗?"所有的人都说:"我们相信你!你是最棒的!你一定可以做到的!"

杂技高手从身上拿出一块黑布蒙住了眼睛,用脚慢慢地摸索到钢丝,然后一步一步地往前走,所有的人都屏住呼吸为他捏一把汗。终于,他走过去了!掌声雷动!"你真棒!你是最棒的!你是世界第一!"所有的人都在呐喊着。

表演好像还没有结束,只见杂技高手从人群中找到一个孩子,然后对所有的人说:"这是我的儿子,我要把他放到我的肩膀上,我同样还是绑住双手蒙住眼睛走到钢丝的另一边,你们相信我吗?"所有的人都说:"我们相信你!你是最棒的!你一定可以走过去的!"

"真的相信我吗?"杂技高手问。

"相信你!真的相信你!"所有的人都说。

"我再问一次,你们真的相信我吗?"

"相信!绝对相信你!你是最棒的!"所有的人都大声回答。

"那好,既然你们都相信我,那我把我的儿子放下来,换上你们的孩子,有愿意的吗?"杂技高手说。

这时，整座山上鸦雀无声，再也没有人敢说相信了。

在我们的现实工作中，许多人都会说：我相信我自己，我是最棒的！当我们在喊这些口号时，我们是否真的相信自己？我们会不会一出门后或遇到一点困难就忘掉刚才所喊的这句话呢？

只有自己真的相信，才能让别人相信你。

怎样建立自信

要成为自信的人，必须具备以下5点：
1. 决定自己所需要的是什么，这反映了你的权利。
2. 判断自己所需要的是否公平，这反映了他人的权利。
3. 清楚地表达自己的需要。
4. 做好冒险的准备。
5. 保持心情平静。

下面几点有助于你获得自信，对你也很有帮助：

1. 自我准备：事先做简要的描述，以便知道自己的观点是否正确。不必长篇大论地去说明自己观点的合理性，简明扼要的解释就足以产生作用。事先草拟你的意见，勾画出你的解释、感受、需要或后果。这样做十分有用。根据你的草稿进行演练，必要的话，还可以请朋友帮忙一起演练。

2. 肯定他人：与人交谈时，开场白非常重要，安全的表达方式是用一种肯定性的语言。例如，"这是一篇非常好的文章，但希望你能写得通俗明白些，以便我容易读懂。"

3. 客观公正：除了解释你所见的实际情况以外，不要涉及对个人的批评。评价或批评，只能针对一个人的行为、行动和表现，而不能针对其个人，也就是平常所说的对事不对人。

4. 简明扼要：说话时为了避免其他人的阻止、插嘴和打岔，表达时尽量简明扼要，不要理论化，只要讲述具体事实就足够了。

5. 意识操纵性的批评：不要期望他人总会与你合作，会接受你的观点。尽管你希望得到赞同的意见，但这种情况不是必然的。有些人会使用操纵性的批评来分散你的注意力，损害你的努力。

第十五章

男人的情绪：拿得起放得下最重要

失业、减薪、女性的崛起、经营环境的改变、全球化的竞争，男人面对的是更严酷的考验与选择：要不要外派？该不该跳槽？在家人与事业中如何平衡？无止境地打拼，会不会到头来又是泡沫一场？现实与梦想，失落感与期望的拉锯，让男人有很大的压力和紧张感。所以，男人更应该管理好自己的情绪，要拿得起放得下。

如何不让情绪伤人伤己

男人啊,请管理好自己的情绪,不要让你的糟糕情绪伤害别人也伤害自己。

不仅在中国,在任何地方对男性的情绪管理似乎都一直是个谜团:生气是男人的情绪、男儿有泪不轻弹、勇者无惧,种种的标签限制着男性的情绪。不能悲伤,不能害怕,因为这些都是软弱的象征,好像只有生气是被允许的。可是更多的男性连愤怒也被压抑着,因为愤怒在常人的眼中是一种极具破坏性的情绪。于是,男人的情绪找不到换气的出口。

在长久以来的文化桎梏下,男性代代相传的情绪发泄方式真是寥寥无几,不是压抑就是只能感到愤怒。

他们有的活得辛苦,活得无力,活得没有了自己的空间,扭曲自我的价值概念。似乎只有在自我伤害之时才感到自己是可以掌握的,酗酒、吸毒甚或自杀。因为他们心中的苦闷无处可泄,他们唯一需要保住的面子,让他们不能泄露心底的秘密,否则他们连自尊这道最后的防线都没有办法维护。

比自我虐待更糟糕的是对其周遭的人的伤害,也就是男性愤怒模式下的牺牲者——女人或小孩。

这些男性对待他们的情绪又是另一种极端:对愤怒的放纵。

在放纵自己的愤怒给周遭的人带来伤害的时候,这样的男人还要取出自己的方位机制,仍然带着那些来给自己洗脱责任进行自我保护的情绪。

他们会将他们的暴行合理化:"我也是会生气的人";理性化:"我知道我不应该打人,但是他也应该检讨";否认真相:

第十五章 男人的情绪：拿得起放得下最重要

"是他先泼我水的""我太生气了，根本忘了我做了些什么""我没有用力"；正当化："我就是没办法控制"；或者干脆把责任推给别人："这是他在讨打。"

这样的防卫面具是控制愤怒的绊脚石。脱掉防卫面具，我们仍然可以控制自己的愤怒，做情绪的主人。

男人如何才能不被情绪控制呢？

首先需要了解我们的情绪与因应情绪的模式。举例来说，你被老婆骂了，因此你要生气。先深呼吸，从一数到十或者更久，直到你可以静下来（打断愤怒、暂停一下），思忖一下为什么别人被老婆骂不会像你这么生气，而你却气得全身发抖想要动粗揍人（找出原因）。可以回忆你从小到大从生活环境看到的夫妻互动都是些什么样子。可能是你的父亲常常在你面前打母亲，告诉你说："女人要听话，不听话的女人就是欠揍。"因此你学到的就是女人不听话就是欠揍，女人不应该得罪男人（了解愤怒因应模式）。还有，你为什么生气？气老婆不尊重你，面子没有地方摆吗？（发现负向思考）。你为什么这么要面子？如果你其实根本不像老婆说的那么糟，何必怕她说？老婆大概是太累了心情不太好，才会迁怒于你，其实她也是爱之深责之切啊（改为正向思考、理性思考）。想到这里，你开始自责打老婆的不对了吧！买束老婆喜欢的花去逗逗她，跟她好好沟通，告诉她说你这样也很不好受呢（回去解决问题）！

有效转移愤怒的简单步骤。有时我们的情绪是很复杂的，这些步骤有可能一直在绕圈子而转不出来，再加上长久的习惯要一下子改过来是不容易的。如果说我们长久的习惯是练习得来的，要改变一个习惯也一样，需要不断地练习。如果说我们的习惯是学习得来的，那么要用另一个习惯去代替也是需要学习的。多观察周围的人是如何有效地处理情绪：避开愤怒情境、积极倾听、不做负向思考、不自以为是、诚实面对自己的问题、幽默化解危机、适时地休息与放松,都是不错的方法。

还有一个重要的前提是:我们要先能尊重自己、尊重人的价值,进而才能尊重别人。要爱别人,首先要爱你自己。

爱自己也是现代人的一项重要课题,许多人会自伤就是因为觉得自己是一个没有价值的人,所以才觉得自己的生命不值几个钱,随时都可以了结。或许有的用努力读书、拼命工作这些外在条件来自我肯定,但是一遇到不如意就觉得没有希望,也不想负起责任为自己的未来寻找出口,只能一死了之。有些人一辈子活在儿时的阴影里,也没有在身为成人后为自己的现在及未来负责,只愿意怪罪他人而不愿改变,每次遇到冲突就不断扩张自己的愤怒。这些都是因为不懂得尊重人的价值所引起的——伤害自己或伤害别人。

这些前提若没有解决,再高明的心理治疗都于事无补,只有当我们愿意为自己的生命负责的时候,其他的技巧才能有所作为。每个人都有潜能去扭转乾坤,或许有时真的会觉得无力、无助与失落,这时不要顾及什么面子,好好地找个人说一说。所谓"当局者迷,旁观者清",去寻求帮助并不是表示我们无能,只是承认人并不是全能的。心理健康与身体健康一样重要,一个人心理不健康绝对会影响生活质量,更难有所成就。

缓解男人的焦虑

正如全球所共知,男性的焦虑在逐渐地升高。男人为何比女人焦虑?又该如何缓解他们的焦虑?

1. 认清环境的改变

一些心理学家认为,男人心理最恐惧焦虑的是"不被他人认同"。例如，不被权威、价值、文化认同。男人必须得到别人的认可和欣赏，才觉得自己是有价值的。男人在某个时候被期待要打出自己的天下，然后又要不断地为维持成功而继续往上爬。昔日的荆轲愿为太子丹赴汤蹈火，今日的男人愿为老板背井离乡，为的是回报上司的赏识肯定。而当主流的价值观都认为男人就应当如此时，男人就会产生另一种恐慌——"害怕自己不像个男人"。

只是，社会环境真的改变了。以前男人是家里的经济支柱，现在女人在职场上与男人不相上下。以前男人，只跟男人竞争，现在要跟全世界的女人拼战。以前，薪水、职位自然稳定往上攀升，现在谁也不能保障你的工作与薪水。

传统对男人的期许与现实状况的落差，是许多男人焦虑的根源。再加上男性不愿在别人面前吐露心事，容易压抑焦虑，反映到生活中来就是男人对生活信心的丧失与自杀死亡率的提高。

2. 现在男人需要什么

许多男人说现在心中最需要的是"平安"。许多时候，男人处于纷乱不安之中，不管是为了战争、工作还是成就，身心都受到了很大的压力而感到难以平安。

当外在的不确定与压力愈大，家庭就要提供给男人越多的慰藉与力量。一位重型机械公司的男性主管，心有所感地谈道，为了工作，他和家人分住不同城市，时间长了有一种没有根的感觉。现在不管公司有多少事情，他每星期一定要回家一趟，为的是让心里感到踏实。

除了希望平安，男人还需要更大的智慧来看清楚整个生命的价值所在。

其实，男人对许多成就的追逐是盲目，甚至不健康的，真正的原因在于：这些男人根本不清楚自己的特质与梦想。即便

-187-

得到了财富、名誉，却不一定得到快乐，反而更像一个过河的卒子，事业一定要愈做愈大，地位一定要愈爬愈高，而一路上升的途中，却又时时怀有重重跌下来的恐惧感。

3. 再造男人新价值

要解除男人的焦虑，还需要有新价值的建立，让男人从传统价值观中解脱出来。传统的价值当然有它的意义，但男人需要拥有更多选择的自由。而许多男性正在创造男人的新价值，例如：

传统父亲角色：赚钱养家，但往往与儿女关系疏离。现代奶爸：珍惜参与孩子成长过程，享受当父亲的快乐，在养儿育女的过程中感受另一种成就。

传统儿子角色：尊重父亲权威，遵循父亲期望发展。现在：父子关系强调包容、尊重，让儿子自创一片天。

传统工作观：拥有头衔、地位、财富是对男人最大的肯定，事业是男人最大的战场。现在：追寻工作意义与生命价值，心灵的满足感很重要。

传统男性处理情绪的方式：压抑、忽略、故作坚强。现代男性：学习面对自己的情绪，适度地抒发调适。

4. 成就自己的价值

如果能认识自己的特质，发现自己可以创造出来的价值，就能过自己更想过的生活，焦虑也不再如此沉重。

一位成功的集团老总，常被人传颂的是有关他"白手起家"的传奇故事，但是真正驱使他成功的并不是为了追求财富。曾有朋友邀他投资一笔可以赚大钱的生意，被他婉拒了。"如果纯粹为了赚钱去做一件事，已经完全不能激励我了。"这位老总认为这辈子让他感到最有成就感的不是财富、地位、头衔，而是发现他自己有"付出"的能量。他看到自己在关键时刻可以为别人、为社会做出一些事，并且看到一些改变，是最令人感到欣慰的。

或许人生能按照自己希望的那样活下去才是最重要的事。一个人生命中能达到最了不起的成就无非也就是发现自己,并且勇敢地成为自己。

对于男人而言,这是一个严酷的时代,但也是一个充满无限可能的时代,虽然世事无常,成败起落往往会主宰着男人的心情,但许多男人已经找到了自己想要的生活方式。

其实,成功不就是发现自己的价值,然后把它发挥出来吗?

男人哭吧不是罪

许多情绪会引起哭,但头号原因是悲伤,其次是兴奋、愤怒、同情、焦虑和恐惧。

伤心的泪水里包含着两种神经传导物质,这两种神经传导物质分别与人的紧张情绪和体内痛感的麻痹有关,而泪水能将这些物质排出体外,起到缓和紧张情绪的作用。一组调查数字显示:85%的妇女和73%的男人说他们哭了以后感到心情好了很多。

哭,是一种不错的宣泄自己悲伤情绪的方式。

最好不要在情绪压抑的时候强忍你的眼泪。如果你不能通过这种"行之有效"的方式放松你的心理,那么,它就会影响到你的身体健康,甚至导致某些疾病。

当小孩子对紧张情绪做出自然反应而哭时,大人强求他们忍住眼泪,这实际有害身体;有些成年人把感情隐藏在心灵深处,尽管他们能做到强忍住悲伤的泪水而不露声色,但是被抑制的紧张情绪总能找到某些渠道逃逸,这些渠道就是溃疡、结肠炎或者其他与紧张情绪有关的疾病。

但是，很少有人会意识到这些疾病与"哭"有很大关系。特别是那些抱定了"男儿有泪不轻弹"思想的男性朋友。

传统的观念赋予了"哭"软弱的含义，使"哭"这一排遣、释放情绪的生理行为被理解成一种软弱、可怜、无奈的心理表现。

在这种社会习俗的影响下，当面对悲伤、疼痛、恐惧等极端情绪时，许多男人都会不同程度地坚持"不能哭""不应该哭""不要哭"的强制心理，这样做的后果可能是：越想放松越感到紧张，越忍耐越压抑。

哭，这种人类独有的行为既然是在漫长的进化过程中获得的，就必然有其生物学的意义。哭很可能是导泄紧张情绪的一个重要阀门。

所以，男人，想哭就哭吧！让眼泪帮助你放松！

男人更需要关怀

男人越来越觉得自己活得太累，整天都面临来自事业与家庭的压力，他们焦头烂额，手足无措。这时，你是否想过要改变自己的生活？

曾经有一句"其实男人更需要关怀"的广告词，得到了众多的男人的共鸣，因为它道出了男人的内心感受。如今，男人愈发觉得自己活得太累，整天都面临来自事业与家庭的压力，在烦躁、混乱之余，有人酗酒、赌钱甚至吸毒，以此寻求解脱。

这种生活的压力从何而来？多方原因使然，社会环境固然是不可忽视的因素，男性对自己对女性对周围环境的认识也是一个重要的因素。要调节自己的情绪，必须从自己固有的认识和行为规则入手，因为正是它们让我们无法驾驭自我，让我们疲倦。有这样几个滋生压力的生活模式，对照一下，看你是否有其中的困扰。

1. 男儿有泪不轻弹

女人受了委屈或有不开心的事可以大哭一场，而哭鼻子的男人却被认为是没有出息的。这一传统代代相传，致使男人不习惯用哭来宣泄不快和忧愁。殊不知哭无论对男人和女人都是有很大好处的。生理学家说眼泪能杀菌；心理学家说哭是一种极好的情绪宣泄方式，而且比其他宣泄方式更有益健康。

男人没法用哭来宣泄郁积的情感，只好采用喝酒、吸毒等方式麻醉自我，其结果要么是变成一个浑浑噩噩的彻底被麻醉的人，要么借酒浇愁愁更愁，反而陷入更糟的情绪之中。

情感是非宣泄不可的，那我们为什么还死抱着"男儿有泪不轻弹"不放呢？

哭吧。哭完了再做男人！

2. 大丈夫顶天立地

在家庭纠纷中，夫妻双方争论的重点是男人对女性的认识。大男子主义者在家庭中往往认为自己应占绝对的主动与主导地位，女人只是男人的附属品，只能处于被动和服从的地位。表面上女人似乎很赞同此观点，事实上，她们除了要男人的保护还要独立，这是最糟糕的。

男人能完全满足她们吗？

有这样一句歌词——"好男人不会让心爱的女人受一点点伤"，这是女人对男人的期望。期望而已，男人可千万别以此为标准。随着自我概念的提升，现在的女性已真正支撑半边天，作为男人又何必做那吃力不讨好的事呢？用"大丈夫能屈能伸"

替代它更适合一些,适应社会变化,调整自我概念和自我价值观,把爱人真正当成生命中的另一半,共同分担家庭与生活中的压力,男人也许就不那么累了。

3. 男人应迎接刺激和挑战

现在有些人越来越追求工作与环境的刺激和挑战。虽然他能从不断的成功中得到快感,然而这样的节奏对他的心理伤害也是非常大的。心理学的研究早已指出不规律的生活方式会带来很大的压力并造成身心疲乏,未来的不确定性更会让人整日里神经兮兮。倘若他没有很好的放松与宣泄方式,又不能寻求爱人的鼓励和支持,他不累才怪。其实男人的生活也应平稳,只在适当的时候寻求刺激与挑战。

困扰你的也许有上述生活模式,也许是其他的,检视你的生活,淘汰掉不适宜的陈规,按自己的节奏和规律去生活,多关怀一下自己的情绪,让自己从下面的方式中开始珍爱自己。

1. 撕掉"强者"的面具,承认自己只是一个平凡的人

承认自己的平凡并不会损害男人的尊严,却有助于保持心态的平衡。

试着说"我不知道……""我恐怕不能……"或"我不能……"看看会发生什么,什么也不会发生,对吗?

扔掉无论如何都要做个强者的念头吧,那样既不切实际,也会害了你自己。

2. 学会向人"倾诉"

碰到困难的时候,男人采取的最普遍的应对手段是发泄和逃避,一直运动到筋疲力尽,要么寻求精神刺激、酗酒、抽烟、纵情声色……这些应对方法的后果是,增加了患癌症、心脏病和其他疾病的机会。

正确的方式是寻求更积极的解决办法。你可以向他人(妻子、亲友、心理医生等)寻求帮助,而不要把问题全闷在心里。有节制的饮食和运动对健康是非常有益的,在心情不好时,千万不要放弃这样的好习惯。

3. 你还会写日记吗

记下自己的感受,通过这种办法来了解自己真实的情感、体验,并努力去发现更多的选择。还可以找你信赖的人倾诉衷肠。重要的是,你要重新审视你的生活:生活中"路"很多,不要让"工作"成为心理上的一块石头压着你。

你最终会发现,生活并不像你原来所想象的那样,你还可以有更多更好的选择。

4. 要学会适当地"放弃"

生病时继续工作不是个好主意,暂时脱离岗位,放松身心,才是上策;孩子长大了,就得给他更多的自由,让他选择自己的生活方式,强行支配孩子的生活,换来的可能是阳奉阴违……"放弃"并不意味着无能,相反,它会帮助你重新进行自我定位,作出新的选择。

5. 让身体保持最佳状态

假如你现在已经认识到健康的重要性,那么,从今天就应该开始试着做些改变:

(1)每天散步 10 分钟对健康非常有益。

(2)如果你已经一年多没看医生了,那现在就去检查一下吧。如果他说你目前的生活方式需要做些改变,那就照医生说的办。

(3)保证适当的饮食和足够的睡眠,并经常进行一些适度的运动。

(4)不要用自我安慰的方式麻痹自己,"我现在一切都好""我不可能得心脏病"这样的话靠不住。

6. 保持和谐的家庭关系

与女人相比,男人倾向于有更广阔的社会支持网,但能给男人以最强有力的支持的通常是他们的配偶，因此，已婚男子往往比同年龄的未婚男子健康状况要好。为了保持家庭关系的和谐，需要付出很多的精力和时间，然而，这些付出得到的回报是丰厚的，因为，在危急时刻，家庭将为你提供强大的精神支持。

记住，在"危机"还没有来的时候，就做好准备，珍爱自己吧。

其实男人更需要关怀。

第十六章

女人的情绪：
别让感性支配了你自己

生存于当下，现代女性的压力也一样无处不在。即便没有压力，坏情绪也会不分时间地点地忽然就来。怎么办？你要做的当然是消灭它，消化它，不能任由情绪化折磨自己和别人的神经。

今天你情绪化了没有

情绪化已经逐渐地变成了女性的第四性征。

丈夫说：老婆一生气，后果很严重。

商场说：女人一生气，财源滚滚来。

因为有相当比例的女人都有情绪消费倾向，女人一生气，就会和钱包算账，一不高兴，就疯狂购物。那是不是说，女性真就缺乏情绪控制力？

情绪化的人总会被贴上"不够成熟"的标签，如果对解决问题以及生产快乐没有什么帮助的话，对情绪的克制也不能说是一种美德。对坏情绪听之任之，任自由风肆虐的人也有自己的道理："偶尔放纵一下情绪有利身心健康。"

1. 情绪化是否女性的专利

"晴转多云偶尔阵雨"的说法，是为形容女人的情绪化而发明的。因为相对于男性而言，女人更容易"闹情绪"，所以有此一说。有一项调查中：

认为自己"是一个情绪化的人"的女性朋友占了参与调查的女性的 7 成。

但在"你能很好地控制自己的情绪吗？"这项具体调查中：

46% 的女性回答"通常能"；49% 的人回答"有时能，有时不能"；只有 5% 的人"总是不能控制自己的情绪"，十分情绪化。

被问及"最近一次闹情绪是因何而起"时，2/3 的被调查者说是因为"情感、婚姻问题"；1/4 的人回答是由"职场压力"带来；而来自人际关系的压力占到 16%；此外，经济、健康问题也各占一定比例。

也就是说,女性在主观上倾向于认为自己情绪化,但客观上,女性有一定的对现实行为的控制能力,真正情绪化人群的比例并不高。

生气的时候,对象都会是些什么人呢?

一项调查结果显示:人们最易生气的对象是家人,每天都会生气的对象是同事。也就是说人们最容易在重要的、亲密的关系中产生冲突,闹情绪。

2. 控制情绪的走向:内向还是外向

当坏情绪不期而至,你通常会采取什么样的方式面对?是控制它的变化方向?是内向还是外向?

调查显示,在对待坏情绪的态度上,49%的人会"放松自己,并尽可能与它和平共处";49%的女人会试图控制;2%的人会无情打压之。

在控制坏情绪的风格上,8成女性倾向于向外引导型,比如、购物、倾诉、发脾气等。

只有两成的被调查者是向内压制型,如生闷气、人间蒸发等。

到实际行动上,32%的人会选择"搁置情绪,转移注意力";26%的人会"给自己放假,远离不愉快";15%的人会"放任情绪,伺机发泄出去";13%的人会"强行压制,或置之不理,让它自行消化掉";12%的人会"即时解决,就事论事"……

面对坏情绪,大多数女性选择的是先让自己放松下来。"迅速逃离那个让自己生气的环境"或"找人聊天"等是惯常被女性采用的情绪转移法。情绪化消费也很普遍。最近一个关于中国国内消费的调查结果显示,46.1%的女性有情绪化消费经历。

-197-

这些方法对于缓解临时的坏情绪是十分有效果的，但并不能从根本上解决真正的问题，有时还有一些不良的后果产生，如可能引起家庭矛盾、导致不必要的经济损失等。所以，等情绪平静下来以后，需回过头来，再重新审视出现的问题，否则，潜在的问题--再被搁置，不良情绪和不良关系日渐累积下来，会导致破坏性的情绪爆发。

女人的情绪类型

称女性是"感情的动物"，一点也没错。许多女性也以"眼泪"和"女性温情"验证着这样的论断。女性以其独特的生理特性和女性文化、女性心理交融在一起，表现出自己独特的情绪及情绪表现类型。适当地处理感情和情绪，对于在工作和人际关系上都是有百利而无一害的，可惜，却有大部分人会出现以下女性最常出现的 6 种不良情绪类型，快看看你是否属于任何一类以及有什么改善方法。

1. 以他人为中心

这种情绪类型的女性，情绪指数的变化几乎完全受制于他人，对自己的情绪无任何选择性。在日常生活中表现为：当别人恭维之时，变得洋洋得意；当无人吹捧时，显得无精打采；当受到别人善意的批评时，会感到自我受到了否定，从而变得悲观、自卑。这种机械地对待别人态度的方式，是不少女性的弱点，也被一些骗子成功利用，因不少的女性都无法抵御具有"绅士风度"的男人的称赞。

要调节这种情绪，一要具有洞察他人动机的能力，二要学会如何应付局面。不妨试着这样做：

（1）称赞你的人中，大多数都有复杂的动机，所以，最妙的办法是以和他同样的表情说声"谢谢"。

（2）没有别人恭维你时，不必过于烦恼，因为这首先使你减少了受人欺骗的机会。自爱的女人知道自己的可爱之处，而不是到别人那里去寻找。

（3）不少的女性"脸皮儿薄"，尤其受不了别人的批评。生活中，用"否定词汇"跟女性谈话的人主要有3种：一是恶意诽谤者，对此，"脸皮儿薄"的结局自然是受辱，你当然知道该怎样办；二是开玩笑者，你自然不会认真，最妙的办法是"以玩笑对玩笑"；三是真诚希望你变得完善的朋友，面对这种批评，你该真诚地表示感谢，体现出你的，并使朋友更加信任，友谊更加牢固。

2. 自我灾难性暗示

在自行车人流中，我们经常能看到一些"小交通事故"——自行车相撞，从车上摔到地上的多半是女性。人们会说，这是由于女性力量小的缘故，当然，有这方面的因素。可是，进一步分析发现，一旦车子相撞，女性头脑中就会迅速地出现"倒地"的意念，车子相撞，我也就摔倒了。

生活中，女性十分忌讳念叨倒霉的事，因为不少女性似乎都相信，只要一念叨，倒霉的事就会随之而来。这种"自我灾难性暗示"情绪在心理学上被称之为"灾难恐惧之情绪导向"。

一位女性的母亲因肺气肿合并心脏病而逝世，这位女性就变得格外注意自己的身体。一次，她患了重感冒，呼吸变得有些困难，于是她向医生、同事诉说自己一定是患了肺气肿，而且越来越重。实际上，这位女性的"自我灾难性暗示"起了十分重要的情绪导向作用，生理上并不存在真的肺气肿。

许多人都不难体会到，对于疾病之类的灾难，男性大多不在乎，有一种不向灾难低头的抗争精神；女性则大多较快地实现与灾难相应的"角色认同"：我病了，我必须卧床，我必须打针了，这可怎么办啊？

了解了这些秘密，女性朋友们也应该知道如何克服它了。当意识到自己的这种情绪，应该有意识地采取积极、坚强的自我暗示，理智地面对灾难，像男人那样去勇敢克服。

3. 灾难的自惩式归因情绪

这种情绪是指一些女性受到挫折时，不是采取积极主动的态度去应对，而是责备、哭泣、抱怨。有一位前来接受心理咨询的女医生，就是在灾难性挫折面前采取了自惩式归因情绪。她的儿子患了肾炎，作为母亲她十分内疚，整日哭泣，精神恍惚，亲友的劝阻丝毫不能扭转她那受刺激的精神状态的恶化。通过心理咨询，她认识到这种情感无法帮助她患病的儿子，更不是一个有爱心的母亲所为，眼前与她身份相符的行为应该是：以母爱给患病的儿子送去信心、关怀和医疗上的帮助。

受挫折时采取自惩式归因情绪的女性，通常在平时是善良的母亲，但她们软弱，经不起挫折打击，更难以主动采取有效的行动去抗击挫折，实际上这是人格上的一种退缩，是值得女同胞深思的一个问题。

4. 愤怒地发泄情绪

愤怒，是一种人人都体验过的情绪，但不同的人处理的方式各不相同。女性较普遍的风格则是发泄，要么被气哭了，要么大吵大闹起来。女性的这种优先选择发泄的处理愤怒的方式，曾被人们看作保障女性健康长寿的一个重要因素。但是，一些女性只顾发泄，不顾后果，从而又制造出新的纠纷，这样，使得情绪的发泄丧失了大部分意义，这是女性情绪的一个重大弱点。

愤怒，尽管人们都不欢迎它，可又几乎人人难以回避。一旦愤怒，甚至怒不可遏时，请一定先放下使你愤怒的对象，暂时不去想它，先去做点别的事情，待自己冷静下来时，再去考虑该如何处理。

5. 强迫观念情绪

女性中，或轻或重的持强迫观念者为数不少。这种观念表现为：我这个人天生就是这种习惯，就是看不惯这类事情，就是……强迫观念重的女性，往往有自己较固定的生活习惯，较为刻板的生活观念和对一些事或人的偏见。在生活中，过分用自己的观念去衡量和要求别人，往往很少从他人的角度去理解、宽容、接纳他人，看别人时总怀着一种挑剔的心理去观察发现不合自己心意之处。久而久之，她们变得不随和、不宽容、不友善、不受他人欢迎。在自以为是的满足中，她们也品尝了与众疏远的孤独与失落感。

人与人之间，若是都用自己的观念或标准去衡量别人，都很难获得满意。因为任何人都有自己的生活风格与处事方式，这是每个人的权利与自由。如果我们在与他人交往时能想到"扫除地板上的东西比扫别人的面子更妙"，我们就能忍耐别人与我们的不同。只要真正认识到自己的做法不妥，这一情绪便不难克服。

6. 幸福的悲观主义情绪

在女性中，一心发愤图强，努力把握自己命运的人为数不少，但生活无确定的目标，处处随大流，遇到大问题便没了主意的女性也并不罕见。因为后者的内心有一种复杂的情绪：对命运的无助感，对自己的自卑感，生活中随遇而安但又不甘心于此，以及由此而产生的对男人的依赖感。

"命运需要自己把握。"这句告诫对于这样的女性是比较适合的。心理学家研究发现，阻碍女性成长的一个重要因素就是女性心理上的颓废和自卑。依赖、等待、乞求、碰运气，使她们无法成为自身幸福的主宰。

人们都说女人是"感情的动物"，温柔多情自然是美好的品质，但若在其中再加上一分坚强，一分理智，一分行动，女性的明天将会更加光辉灿烂。

饶了自己

一位 30 出头就当上一级主管的女性朋友在和她的朋友聚会时，开心地谈着工作计划、带团队的心得，以及买了新车带父母亲出去旅游的欣慰，谈着人生的美好。就在一年前，她还不是这个样子，那时候的她总是悲愤地抱怨她的老爸把沉重负担交给她，自己三十多岁了还没有男朋友，没有时间给自己和家里人……如此大的变化，让她的朋友深感惊讶。

问她变化的原因。她说："我想开了，决定饶了我自己。"

好一个"饶了我自己"。

有很多女性都会不定期地进入自己的忧虑国度，徘徊在其中让自己心情忧郁、夜不能寐。

这个忧郁国度大约不出以下的范围。

1. 总是不够

钱还赚不够存不够、时间不够用、工作上还有很多细节做得不够完美、家里最近不够干净、小孩的功课最近盯得不够紧、老公或男友最近不够爱我、瘦身行动最近不够坚持、没有儿女人生不够完整……

2. 好景不长、好运不在

快乐时光总是过得太快，目前过这么幸福的日子大概不会长久……有时无意识地想破坏自己的好运，只为了证实自己的想法是对的，比方明明很爱另一半，偏要隔三岔五找碴跟他吵吵架。

3. 质疑自己的杰出表现

常很担心自己还不够优秀，那些称赞自己的人只是暂时被自己蒙昏头而已，搞不好哪天就被拆穿根本不是策划高手、不是教书育人的料了。

4. 感叹自己不走运

车子又要送去大修了、老板总在下班前叫我做事情、每次都是差几秒钟没赶上公交车、拖了很久的客户服务回复文件乱七八糟且表格还没填、一大堆 E-mail 还没处理……

经常想着生活里的不如意，使人习惯性地生活在不安的阴影下，不放过自己。

什么原因让我们总是和自己过不去呢？

从小我们就有这样的习惯：什么事情都要去抢才能得到（从抢吃的，到抢好重点学校的名额）；经常被父母老师提醒"你还可以更好些"，觉得自己真是不够优秀、不够努力；去想去思考总比什么都不想要好一些，因为纵使结果仍不好，但心理上觉得我曾经尽责，不必自责过深……

男人较常高估自己，女人却常低估自己，难得有个能实际衡量自己的女性，大家就叫她是"女强人"。

不管自己成绩有多好，女生总是强调自己还有不擅长的部分，而男生就不一样，他们大多数时间一有机会就尽量强调自己会的部分，而对不太擅长的部分几乎绝口不提。

女性通常不如男性乐观，忍受焦虑的程度也不同，女性显得不如男性。

比如，经常见的是家中女性存钱，反而男性花钱比较随性，可能女性生长在视女人为弱者的文化里，习惯悲观思考，倾向于不敢得意忘形；也可能女性天生比男性实际，担心的事比较多。

女性得学习感觉自主掌握自己的生活。

（1）如果过去的经验一再提醒你，你不值得每天都快乐，那得自己建设一下自己的心理，天天提醒自己："我当然值得过得幸福快乐，事情会越变越好的。"

有人建议在镜面或桌上贴纸条提醒自己每日复颂几遍。

（2）被别人赞许时，不要否决或怀疑，可以把它们写下来，作为证据或收据一样保存起来，目的在于"扩大增强自我信心"，用它们来时常给自己打气。

5. 点滴快乐就在我们身边

每天我们都陷在许许多多的琐事里，注意力被移转，以致看不见或记不住自己每天其实都能够达成的这样那样的小成就，看不到人与人之间互动的快乐时刻。其实这些一点一滴的小成就与快乐小片刻就是我们的快乐人生。

大部分人却强调追求特别成就与特殊时刻，结果就老是觉得自己一无所成、毫无快乐，就是不肯饶了自己。

太近看，只能看到一棵树，往后退一步，就能看到整片森林。

太近看火车，只能看到一节车厢，里面又挤又乱，往后退一步，才能看到整列车厢，整洁明亮快速驶来，接你奔赴下一个成功的地方。

下次又有恐惧焦虑时，试试问自己，最糟糕的情况会怎样。你会发现，其实没什么大不了的。在断言自己不会一直好运或幸福之前，先问自己是根据什么得出这样的结论的，是过去的经验还是现在的事实？

不看自己没有的，多看自己有的。

第十六章 女人的情绪：别让感性支配了你自己

快乐女人的16个心理处方

1. 多疑——受伤害的首先是自己

日常生活中，有多疑倾向的女性占一定比例。当她们眉头紧锁，用敏感的眼神和敏感的心灵去揣摩别人的一言一行时，伤害到的首先是她们自己。而"伤害"别人的人却常常一头雾水地不知自己做错了什么。

一位音乐系毕业后已婚的女性A，内向又多疑，凡事总往坏处想，常常自寻烦恼，自己给自己增加心理压力。

一位大他们夫妇很多的单身女性B常去A家玩，与A的丈夫聊得挺投机，每次聊完后，如果晚了，A还会主动让她老公送B。一年后，A夫妇俩来B女士家里做客，吃完饭后，A让她老公先走一步，之后便向B讲了一堆令B缓不过劲儿来的话："你是不是爱上我老公了？每次你们聊得那么投机还开心地大笑，你知道我心里什么滋味？我为此流了一年的眼泪。我老公也知道我难过的原因，可他就是坚持自己没错，也不肯改正自己。我都快难过死了，所以今天要找你好好谈谈。"

莫名其妙的B缓过劲儿来后只说了一句："你真觉着我和你老公有说不清的东西？在你认识他的三年前我们就是很要好的朋友了，就是因为没有你所认为的那种可能性，我们才保持友谊到今天的。"虽然话是如此说，但B从此再也不敢轻易地去A家了。后来听说他们的生活中又出现了C女性、D女性。

女性多疑的心理处方——

处方之一：多活动。除了做家务，最好能养成散步习惯。

处方之二：多听轻松音乐。音乐容易进入人的潜意识，潜意识比意识对人的影响更大。

处方之三：充分利用颜色的心理效应。多穿暖色调，少穿黑色调衣服。

处方之四：多与人交往。与性格外向、开朗活泼的人交往。

处方之五：挺胸抬头走路。可逐渐建立自信心，从而减少多疑。

2. 虚荣心——扭曲了的自尊心

诚然，虚荣心男女都有，但总的说来，女性的虚荣心比男性强。因此，虚荣心带给女性的痛苦比男性大。

一位刚走入社会的女孩，家境贫寒。为了追求时髦，不惜借钱购买高档衣服，还借钱买了项链、戒指来炫耀。周围的人对她说，你真有钱，她说是她爸爸妈妈帮她买的。有一天门口堵满了要债的人，周围的人才明白是怎么回事儿。从此，大家都躲着她。

虚荣心很强的人，实际上她的深层心理是心虚。为了追求面子，打肿脸充胖子，内心是很空虚的。表面的虚荣与内心深处的心虚总是在斗争着。因此有虚荣心的人，至少受到来自两个方面的心灵折磨，一是没有达到目的之前，为自己不尽如人意的现状所折磨；二是达到目的之后，为唯恐自己的真相露馅的恐惧所折磨。因此他们的心灵总是痛苦的，是没有幸福可言的。

女性虚荣心的心理处方——

处方之一：追求真善美。一个人追求真善美就不会通过不正当的手段来炫耀自己。

处方之二：克服盲目攀比心理。横向地去跟他人比较，心理永远都无法平衡，会促使虚荣心越发强烈。如果一定要比，那就跟自己的过去比，看看各方面有没有进步。

处方之三：珍惜自己的人格。崇尚高尚的人格可以使虚荣心没机会抬头。

3. 唠叨——好心不得好报

唠叨，是女人致命的弱点，常常因此而令男人弃之而去。

一位男士说，我工作一天感觉很累，想赶快回家坐在沙发上喝杯茶，忘掉一天工作中烦人的事。没想到一回家我妻子就唠叨上了：你总是空手回来，也不顺便买点菜，就知道张口吃……本来我就事多心烦，回到家里本想温馨的家庭气氛能驱散我工作中的烦恼，没想到我妻子的一番唠叨使我愁上加愁，心情急剧恶化。于是我就和她顶撞起来，造成双方情绪都不好，温馨的家庭气氛被破坏了。

尽管事后言归于好，但是我妻子总是这样唠唠叨叨的，给我们幸福的婚姻增添了一层灰色的阴影。

这位男士半开玩笑地说，那些婚外恋的男人说他们的妻子整天唠唠叨叨，使他们感到妻子没有柔情，于是在那些善于表达感情的女性的诱惑下坠入了婚外恋的深渊。

女性唠叨的心理处方——

处方之一：把握动机与效果相统一。唠叨的效果往往适得其反，丈夫厌烦，子女逆反，自己还惹了一肚子气。如能多反思唠叨的危害，是走出唠叨误区的一个好方法。

处方之二：心理位置对换。如果丈夫唠叨你，你是否心烦？子女唠叨你，母亲唠叨你呢？

4. 嫉妒——让女人变丑

"嫉妒是痛苦的制造者，是婚姻的破坏者，是心灵上的癌瘤。"

一位母亲，她的女儿刚参加工作，在一家企业接受岗位培训。培训班共有20个人，全是女性，女儿在培训班各方面的表现都很出色。但是一个星期后，当母亲的发现女儿心情不好，常常走神,也不出门。她母亲非常纳闷,可是反复观察也看不出蛛丝马迹,只见女儿天天在看英语课本,听英语录音。

母亲就问女儿为什么单盯着英语,女儿才转弯抹角很痛苦地说出她的英语口语一直是第一名,没想到这次竟有一个女孩与她只有半分之差,快与自己拉平了,心里很痛苦,一种莫名其妙的嫉妒心在袭击着她。

这位母亲没想到嫉妒心使自己的女儿失去了考试成绩好的欢乐。

女性嫉妒的心理处方——

处方之一:树立正确的竞争心理。如今社会上竞争无处不在,当看到别人在某些方面超过自己的时候,不要盯着别人的成绩怨恨,更不要企图把别人拉下马。而是采取正当的策略和手段,在"干"字上狠下功夫。

处方之二:树立正确的价值观。有了正确的价值观就能在别人有成绩时肯定人家的成绩,并且虚心向对方学习。

处方之三:提高心理健康水平。心理健康的人,总是胸怀宽阔,做人做事光明磊落。而心胸狭窄的人,才容易产生嫉妒。

5. 传闲话——一块臭肉坏一锅汤

女人传闲话,有时会起到"一块臭肉坏一锅汤"的作用。

经常爱传闲话的人,心理一定不平衡,在这种是非的传播中,她的心理可暂时得到打一针麻醉药的作用。心理越不平衡时,这一针就越得打。

有一个平静的村庄,里面住着一群朴实、祥和、以助人为快乐之本的村民。一天来了一位女巫,用半个月的时间把每一家都串遍了,每到一家就编造说上一家的××说你××了。就这样过了半个月,全村的气氛变成了黑云压城城欲摧的模样。后来有人揭穿了女巫的阴谋,可是,村民之间的友情再也不能像旧日那般无缝隙了。人们学会了提防与自我保护,这种陋习拉开了村民与村民之间的距离。

女人传闲话的心理处方——

处方之一：把住牙关。切记"病从口入，祸从口出"这句话。

处方之二：多工作多学习。无事才会生非，忙起来就什么都顾不上了。

处方之三：与人为善。要多看多讲多学习别人的优点。